AF457511

Professor Ventura, Beto e Cleto

A energia que saiu do frio e outras energias alternativas - um desafio

Newton C. Braga

São Paulo - 2022

Instituto NCB
www.newtoncbraga.com.br
leitor@newtoncbraga.com.br

Diretor responsável: Newton C. Braga
Coordenação: Renato Paiotti
Revisão: Marcelo Braga
Impressão: Agbook

Professor Ventura, Beto e Cleto - A energia que saiu do frio e outras energias alternativas - um desafio
Autor: Newton C. Braga
São Paulo - Brasil - 2022
Palavras-chave: Eletrônica - educação tecnológica

1ª edição

Índice

Apresentação

A ideia deste livro é proporcionar aos jovens makers, professores e estudantes de tecnologia do ensino fundamental e médio, além dos cursos técnicos e de engenharia, um interessante material que possa ser utilizado como tema paralelo para o ensino de física. Vamos tratar de energia, especificamente energia térmica, luminosa (luz) e elétrica como tema para o ensino de física, tanto no primeiro grau como também no segundo grau e no ensino superior.

Com os experimentos descritos na parte prática, os professores e alunos podem associar os temas aos currículos escolares ou mesmo realizar trabalhos para eventos, apresentações e mesmo TCC.

Os temas transversais também são lembrados com a adoção dos códigos da BNCC para os projetos apresentados o que torna esse material de extrema utilidade, não apenas para o ensino de tecnologia, como também para outras disciplinas que podem ser associadas.

Numa época em que as fontes não renováveis estão se esgotando e as fontes alternativas devem predominar, temos também a enorme preocupação com o meio ambiente que, dia a dia, se deteriora devido a ação irresponsável do homem.

Fontes alternativas e preocupação com o meio ambiente centralizam as aventuras do Professor Ventura, Beto e Cleto neste livro, ao mesmo tempo em que oferecemos projetos práticos que podem ser utilizados nas escolas como parte do ensino de física.

Reunindo o lúdico, o cômico a uma aventura, exploramos a tecnologia, não na forma de ficção, mas em contos que podem ser levados à vida real sem problemas. Os princípios são reais, as tecnologias reais e os resultados reais, o que torna ainda mais interessante as estórias.

Lembramos que no passado e mesmo hoje, de motor a aprimorar o conhecimento da língua nos cursos do nível fundamental e médio, éramos obrigados a ler livros consagrados de grandes autores. Quando os temas eram bem escolhidos, e isso é válido para os professores de hoje, a leitura, além de agradável ainda ajudava no despertar de vocações.

Por que não usar essa ideia nos cursos de tecnologia, tanto nas matérias indicadas pela BNCC para ensiná-la nos níveis fundamentais e médio como nos cursos técnicos e mesmo de engenharia?

Unir o lúdico ao prático e ao que se ensina nos currículos de tecnologia é algo que já fazemos há muito e que nos foi inspirado por autores anteriores a nós, desde os grandes nomes da ficção como Julio Verne, Asimov e Clarke no passado e especificamente na tecnologia com J. T. Frye em que nos inspiramos para criar os personagens destas estórias.

A ideia de tomarmos um tema atual da tecnologia e escrever 4 aventuras que podem ser associadas ais currículos escolares e mesmo a trabalhos práticos envolvendo temas transversais é algo que ainda não vimos. Serve de exemplo.

São 4 aventuras envolvendo diversas formas de energia com aplicações da física como a termodinâmica, hidráulica, eletromagnética na conversão para energia elétrica e no final com experimentos práticos utilizando componentes que você pode comprar pela Internet a custo acessível ou mesmo obter de sucata. São 4 aventuras na forma de desafios que você, professor, pode passar para seus alunos, transformando cada uma num trabalho prático. Muito mais que isso, pode criar desafios envolvendo disciplinas próximos como temas transversais da matemática, química, biologia, etc. Tudo depende da imaginação do professor. (daremos os códigos BNCC associados)

Até mesmo os alunos dos cursos superiores poderão aproveitar os temas, pois temos o aspecto quantitativo abordado de modo que o trabalho prático, tenha associado um relatório técnico elaborado com as ferramentas da física e da engenharia.

Para os que desejam saber mais sobre nossos personagens, o Professor Ventura, Beto e Cleto sugerimos acessar os links dados a seguir onde temos

sua estória e a descrição de todos os personagens principais e o cenário onde nossas estórias se desenrolam.

E mais, nesse link você encontrará diversas outras estórias envolvendo os personagens, já que ele foi criado em 1986.

No final do livro teremos ainda uma série de links úteis para saber mais sobre os temas abordados tais como livros, cursos, podcasts, artigos e vídeos.

Enfim, podemos dizer que este livro pode servir como um excelente material complementar para o ensino de tecnologia, além de diverti-lo e lançar alguns desafios que hoje acreditamos ser muito importante para o desenvolvimento de habilidades e competências de nossos alunos e tudo isso na forma de um desafio.

Como o próprio Professor Ventura relata na quarta estória, os estudantes estão perdendo suas habilidades, começando pela coordenação motora fina e hoje percebemos falta de criatividade e de senso de humor. É hora de recuperarmos isso.

Newton C. Braga

Desafiando a Energia

Na natureza, nada se perde, nada se cria, tudo se transforma (Lavoiser). Com esta famosa frase repetida um número infinito de vezes nos cursos de física lançamos nosso desafio.

Energia não pode ser criada nem destruída, apenas transformada. Assim, o desafio de se obter energia elétrica a partir do calor é algo que realmente mexe com a imaginação de todos que estudam física e pretendem usá-la de forma direta na tecnologia.

Sim, existem transdutores que convertem energia térmica em energia elétrica, e da mesma forma, energia elétrica em energia térmica. Eles até podem ser comprados pela internet a custo bastante acessíveis. E, também existem outros transdutores que trabalham com outras formas de energia como, por exemplo, convertendo luz em energia elétrica. É a partir deles que desenvolveremos nossos enredos com sua utilização em todos os projetos descritos nas estórias e propostos aos nossos leitores.

A ideia é provar através de desafios que podemos obter energia elétrica a partir de diversos tipos de transformações envolvendo as mais diversas formas de energia. Mas, o que realmente vai tornar tudo mais interessante é que algumas dessas transformações podem significar um enorme desafio.

Será essa nossa proposta. Um desafio que envolve a transformação da energia térmica em energia elétrica usando soluções possíveis (que não ferem os princípios da física) e que realmente possam ser demonstradas na prática.

Armazenando Energia em um Buraco

Novas formas de gerar energia têm sido apresentadas ao mundo constantemente, algumas bastante curiosas. No entanto, tão importantes quando as formas de gerar energia são as formas de armazená-la. Baterias, supercapacitores e outras têm sido constantemente aperfeiçoadas. O assunto em alta também foi alvo das atenções do Professor Ventura, Beto e Cleto. Na verdade, foi muito além do que os três esperavam tornando-se um assunto de discussão nacional quando partindo de uma simples aposta sobre uma ideia inovadora, propagando-se pelo mundo como uma onda de choque tecnológica. Veja em mais esta aventura do Professor Ventura, Beto e Cleto como se descobriu um modo de ser armazenar energia num buraco.

As discussões tecnológicas do Professor Ventura, Beto e Cleto sempre foram muito interessantes e, eventualmente, acaloradas. Levando em conta princípios da física e a disponibilidade de recursos reais da tecnologia, nunca se tratou de alguma coisa que não tivesse uma fundamentação científica sólida e que eventualmente pudesse ser explorada pela ciência e pela tecnologia. Desta vez, entretanto, parece que a discussão tinha ido longe demais:

- Sim, eu digo que podemos armazenar energia em praticamente qualquer coisa. - Insistia o

Professor Ventura, diante de seus dois alunos, sentados no velho sofá no canto do laboratório.

- Uma mola contraída, o campo elétrico entre as placas de um supercapacitor, uma represa contendo uma grande quantidade de água e até mesmo um buraco. Tudo depende de sabermos como manusear a energia.

Beto se assustou com a resposta.

- Um buraco negro, o Sr. quer dizer.

O professor não se abalou.

- Não, um buraco comum. Desses que a gente faz com uma pá e uma enxada.

Cleto, que até então só observava, se assustou.

- Impossível! Como guardar energia num buraco. Vamos contrair o vazio como uma mola para que ele adquira energia... - Beto continuou:

- E, depois fazer o buraco expandir para liberar a energia. Energia negativa, certamente. - Completou.

- É a tal matéria escura que dizem existir ou os buracos negros. - Cleto também tinha suas ideias.

O professor, que aguardou a conclusão dos dois alunos, continuou.

- Vocês sabem que eu não digo coisas que não tenham uma fundamentação científica. O que estou dizendo é perfeitamente possível. Podemos armazenar energia num buraco, e não precisamos muito para fazer isso assim como para recuperar a energia armazenada. Indo além, acho que é algo para ser explorado.

Incrédulos, os dois estudantes questionaram mais uma vez o velho professor:

- Impossível! Como armazenar energia num buraco? Não tem fundamentação científica.

Percebendo que os alunos não estavam acreditando nas suas palavras ele fez uma proposta interessante:

- Vamos apostar! Aposto uma rodada de sorvete na sorveteria do Zezinho que é possível armazenar energia num buraco, sem violar qualquer princípio da física, principalmente o da conservação da energia.

- Apostado! Explique.

O professor levantou as mãos e completou:

- Calma, não vou dar a vocês a chance de ter a solução agora. Quero ver vocês quebrarem a cabeça para provar que estou errado. Vou dar um tempo para que vocês pensem na possibilidade de fazer isso. Vamos combinar! Hoje é segunda feira. Vocês têm até sábado para pensar no assunto e imaginarem vocês uma solução. Afinal vocês são “makers” e um maker tem de estar preparado para resolver os mais complicados desafios da tecnologia (e da ciência).

Beto e Cleto perceberam que não deveriam ter desafiado o professor.

- Se não me apresentarem uma solução para o problema e eu conseguir provar que é possível "guardar" energia num buraco, vocês pagam duas rodadas de sorvetes. Se me apresentarem uma solução consistente, eu pago uma rodada, e se eu não apresentar uma solução consistente, eu é que pago duas rodadas de sorvetes.

- Feito!

A aposta estava feita. Combinaram que no sábado eles deveriam se reunir no laboratório do professor, na Escola Técnica, e ele deveria explicar como funcionaria seu sistema de "armazenamento de energia num buraco".

- Enterrando uns frascos de "energético". - Imaginou Cleto, numa última tentativa de pensar como poderia ser feito.

As regras eram simples: deveria ter consistência científica e ser totalmente viável de construir sem custo exorbitantes, com a tecnologia disponível em nossos dias. A energia não precisaria ser obrigatoriamente elétrica, pois nenhuma das formas que temos hoje faz isso. Baterias armazenam energia transferindo-a para substâncias químicas, capacitores armazenam na forma de campos elétricos e molas, armazenam energia mecânica quando contraídas. Buracos, armazenam energia na forma... Bem, era isso que o professor deveria explicar.

No caminho de casa Beto e Cleto já começavam a discutir o problema.

- Tá certo que o professor tem muita imaginação, mas acho que foi longe demais. Como armazenar energia num buraco? - Cleto não acreditava numa solução.

- Contrair um buraco aplicando energia e depois recuperá-la com sua expansão? Aproveitar a diferença da energia entre um buraco vazio e um cheio? Não! Se fosse um buraco negro, talvez os astrofísicos tivessem explicações. - Beto analisava o problema.

- Entropia? Como calcular a entropia de um buraco vazio e de um buraco cheio? - Cleto, que era um bom aluno de física e química lembrava de alguns ensinamentos do nível médio.

- Vou dar uma olhada nos meus livros de física. Talvez tenha alguma ideia.

- Pergunte ao Google...

Os dois continuaram o caminho juntos até o ponto em que se separaram, indo cada um para sua casa. No entanto, o assunto continuou "martelando" em suas cabeças. Combinaram que no dia seguinte, voltariam cedo ao laboratório para continuar discutindo e eventualmente tirar alguma informação do professor Ventura que lhes desse uma pista. No que estaria pensando o velho professor?

No dia seguinte pela manhã, depois de se encontrarem no local de sempre, os dois amigos seguiram para a escola. Iriam para o laboratório onde certamente o Prof. Ventura já estaria trabalhando em seus experimentos, preparando aulas e escrevendo seus artigos técnicos. No entanto, foi nesse trajeto que um encontro inesperado serviu de gatilho para uma verdadeira explosão de acontecimentos que culminariam com a propagação de um problema que atingiu não apenas a pequena cidade no seu tudo, mas o estado, o país e o mundo.

O que aconteceu? Certamente, em qualquer coisa fora do comum que o Professor Ventura, Beto e Cleto se envolvessem, Epaminondas Portentoso deveria estar presente em algum momento. E foi isso que aconteceu.

No trajeto para a escola, eis que Beto e Cleto cruzam com o Epaminondas que, carregando sua tuba ia para seu "negócio" na cidade, abrindo cedo as portas de sua barbearia. Levava a tuba, pois depois do expediente a banda tocaria no coreto, e como sempre ele estaria presente.

- Bom dia! - exclamaram os dois jovens.

- Bom dia! - respondeu o músico, mas algo lhe chamou a atenção. Cleto olhava fixamente para a tuba.

Epaminondas percebeu. Mas, sem se abalar perguntou aos dois.

- Já sei! Vão se encontrar com o professor Ventura. Que “raio” de novidade estão planejando agora? Espero que não afete as pessoas.

Beto sabia que não adiantaria entrar em pormenores técnicos, de modo que “inventou” uma resposta simples para agradar o músico, sem entrar em detalhes.

- Nada demais. O professor Ventura está criando um projeto para armazenar energia em buracos.

Não é preciso dizer que o Músico, barbeiro sem formação científica e tecnológica não entendeu nada, mas ficou curioso. Armazenar energia em buracos! Bombardeado com as novidades tecnológicas trazidas pelos seus clientes, que as discutiam enquanto cortavam o cabelo teria um assunto interessante, principalmente porque envolvia uma personalidade controvertida da cidade, como era o Prof. Ventura.

- Ah! Muito interessante.

O músico seguiu seu caminho, assim como Beto e Cleto, mas em dado momento algo ocorreu. Epaminondas percebendo algo estranho, se voltou olhando para trás.

Beto tentava fazer com que Cleto continuasse seu caminho, mas ele não se mexia, encarando de forma fixa a tuba do Epaminondas. O baixinho se assustou.

- Minha tuba! Tem algo a ver com os experimentos do "maluco" do Professor Ventura. Eles sabem de algo! - Pensou imediatamente o músico, apertando contra o peito seu precioso instrumento.

Ele seguiu então seu caminho, com uma novidade interessante para conversar com seus clientes, mas por outro lado, muito preocupado com sua tuba.

- Energia em buracos e minha tuba! Tem alguma coisa estranha aí.

Beto, finalmente conseguiu trazer Cleto para a real.

- O que houve com você?

- A tuba. Me ocorreu algo que pode ter algo a ver com a ideia do professor Ventura de armazenar energia num buraco.

Beto teve um sobressalto:

- O que?

- Sim. Veja que ela tem um enorme buraco por onde sai o som, e seu formato lembra um turbilhão, como o que se forma num buraco negro. As "energias" podem ser concentradas ali... Tem algo a ver.

Beto interrompeu o amigo:

- Você está indo longe demais. O que tem a ver uma tuba, com o buraco que armazena energia do

Professor Ventura e os turbilhões que concentram alta energia dos buracos negros.

- Não sei. Mas existe algo aí. Vou pensar.

O que os dois jovens não sabiam é que a conversa com o Epaminondas não ficaria apenas entre eles. Numa cidade como Brederópolis, as notícias se espalham rapidamente, principalmente quando envolvem coisas estranhas, personalidades locais e um barbeiro que conversa com todo mundo. Foi o que aconteceu Epaminondas espalhou a notícia de que o Professor Ventura teria descoberto um modo de armazenar energia em buracos e que certamente ficaria rico com isso. Sim, as coisas quando passam de boca a boca adquirem dimensões crescentes sem se falar na distorção dos fatos e as distorções também ocorreram.

Alguns interpretaram que o Professor Ventura estaria ameaçando o mundo trazendo buracos negros para Brederópolis. Outros disseram que estaria fazendo buracos em toda a cidade para armazenar energia. E, essa ideia acabou indo para o secretário do prefeito que, preocupado, levou a notícia ao "preboste" Saturnino.

- Caramba! O que ele vai fazer desta vez? Vamos impedir que ele abra buracos em nossa cidade, mesmo que seja para armazenar energia. Vou baixar um decreto proibindo.

Não foi a primeira vez, que sem conhecer nada de física ou tecnologia e muito menos sobre o que estava ocorrendo, o prefeito tentou interferir em coisas de maneira espalhafatosa. Conta-se que certa vez, quando a cidade resolveu construir um novo reservatório para distribuição de água, os engenheiros propuseram que ele deveria ser instalado no alto da colina ao lado da cidade. O prefeito, orgulhoso da sua primeira grande obra interferiu.

- Não! Tem de ficar na praça. Bem no meio da cidade.

Foi quando um dos engenheiros explicou que não era possível:

- Não, não pode ser, pois é preciso que ela fique em lugar alto, por causa da Lei da Gravidade.

O prefeito, sem pestanejar, interferiu:

- Não! Vai ficar na praça. Se é por causa da Lei da Gravidade, vamos revogá-la.

Não é preciso dizer que o assunto virou piada. Mas desta vez, mais cauteloso, ele resolveu ir falar diretamente com o Professor Ventura. Dadas as explicações de que se tratava apenas de uma aposta e que nada iria ser construído, nenhum buraco na cidade, o prefeito voltou satisfeito.

Mas a notícia havia se espalhado. E, Epaminondas voltou para casa preocupado.

- Minha tuba! Tem algo a ver com tudo isso. Buracos negros, energia negativa, explosões nucleares! Brrr.

É claro que realmente, as “explicações” dadas sempre tinham algo aumentado. Quem passa uma notícia para outra pessoa, involuntariamente, sempre acrescenta alguma coisa própria e a distorção cresce. O velho ditado:

“Quem conta um conto, aumenta um ponto.”

Epaminondas teve um pesadelo aquela a noite.

Sonhou que o professor Ventura “sequestrou” a sua tuba para os experimentos com o armazenamento de energia. No sonho, o professor ligava em sua tuba dois fios que vinham de uma caixa e a enterrava num enorme buraco. Dois fios ficavam para fora e, ligados a uma lâmpada, faziam com que ela acendesse.

Acordou gritando e suando. Sua esposa teve de acalmá-lo com um copo d’água.

Enquanto isso, Beto e Cleto, no laboratório do Professor Ventura tentavam obter alguma pista sobre o modo como energia poderia ser armazenada num buraco.

- Dê-nos uma pista!

Sem entrar em detalhes, o professor simplesmente dizia:

- Energia potencial negativa.

- ?

Sem saber que a aposta deles se tornou algo muito importante, Beto e Cleto continuavam a imaginar como poderia ser feito.

Um personagem importante na cidade estava bastante preocupado. Era o psicólogo Romildo Bacamarte. Sim, diziam que era sobrinho de Simeão Bacamarte, mas logo isso era desmentido, pois Simeão Bacamarte era um personagem criado por Machado de Assis em seu conto “O Alienista”. Repentinamente a ficção e a realidade se misturaram e na cidade ninguém mais sabia se Romildo era primo de uma criatura virtual ou real.

Com outro assunto em moda, o metaverso em que a realidade e o virtual misturava, ninguém mais sabia o que era um ou que era outro.

- Mas, tem algo a ver. - Comentavam alguns

- Sim, é muita coincidência a profissão e o modo como ele age lembra muito o personagem da estória. Saiu do metaverso, certamente.

De fato, por mais de uma vez, pelos seus experimentos, que às vezes davam errado, ele tinha tentado "internar" o Professor Ventura num sanatório. Desta vez, ele estava apenas observando.

O professor Ventura, Beto e Cleto não se davam conta de que as notícias sobre as "pesquisas" que estavam feitas em seu laboratório estavam tomando uma dimensão preocupante.

Um dos clientes do Epaminondas, com que ele havia comentado as pesquisas para se armazenar energia num buraco, resolveu contatar alguns especialistas em tecnologia com que tinha contato pela Internet, para saber se realmente era possível.

Primeiro foi o Rodolpho do Laboratório de Garagem, que surpreso com o fato, resolveu colocar em seu canal, chamando a atenção de milhares de seguidores. Depois veio o Burgos, o Pico e o Rambo que também comentaram o assunto. Resultado: o assunto espalhou-se pelo mundo. Todos queriam saber quem era o Professor Ventura que havia descoberto um modo de se armazenar energia num buraco.

Um hacker russo e um hacker chinês ameaçaram invadir a pequena página que o Prof. Ventura tinha na Internet, com a esperança de conseguir os "planos" que certamente revolucionariam o mundo...

- Esteganografia! O “tal” professor esconde as informações em arquivos disfarçados que coloca em sua página!

Mas, a dúvida persistia. Como ele fazia isso?

Até um especialista em impressoras 3D, ficaria imaginando como seria possível imprimir um buraco em 3D para armazenar energia. Outros especialistas estavam pensando em incorporar controles da energia armazenada via internet, transformando assim um buraco em mais uma aplicação da IoT. Não é preciso dizer que uma conhecida, especialista em vestíveis pensou em criar um buraco vestível para fornecer energia para suas aplicações. Onde ficaria o buraco ou se algum buraco seria aproveitado, ela não explicou. Enfim, a notícia se espalhou.

E, se espalhou tanto, que o Professor Ventura foi procurado por uma multidão de especialistas que queriam que ele revelasse o segredo.

- Como armazenar energia num buraco.

Exigiram que ele revelasse, mesmo sabendo que era o resultado de uma aposta, se ele tivesse a solução, deveria torná-la pública. E assim ficou combinado que no sábado, o dia que ele deveria mostrar a solução do problema, isso seria feito numa “live”.

- O evento foi anunciado. Milhares de inscritos. Muitos fizeram apostas. Muitos tentaram adiantar a solução com hipóteses as mais diversas:

- Miniburaco negro.

- Energia escura do universo.

- Colocar um supercapacitor no fundo de um buraco

- Inverter um buraco para armazenar energia negativa (se isso é possível não sei.)

- Encher um buraco de elétrons

- Elétrons com massa negativa...

- Usar um elastor dentro de um buraco. Os dois são coisas invertidas...

E muitas outras hipóteses que certamente careciam de fundamentação científica, quando mais de possibilidades para ser colocadas em prática.

É claro que alguns fatos interessantes ocorreram na cidade, tornando o assunto ainda mais relevante. E, como não poderia deixar de ser, foi justamente com o Epaminondas que um pequeno acidente ocorreu neste ínterim.

Na sexta feira, um dia antes da live do Prof. Ventura, terminando sua apresentação no coreto onde a banda tocou, Epaminondas voltava para sua casa tarde da noite quando aconteceu o inesperado.

Havia chovido muito durante o dia, e até a casa do músico numa vila próxima do centro havia poças d'água e alguns pontos com barro, produto do deslizamento das barrancas. Havia muita terra espalhada, pois a prefeitura estava realizando algumas obras além do que também havia buracos.

Buracos!

Preocupado com os buracos do prof. Ventura, Epaminondas não prestou muita atenção no caminho e caiu... Num buraco!

- Uaiiiii!...

No fundo, cheio de água e barro, Epaminondas estatelou-se, sujando a roupa e enchendo a tuba de água barrenta. Nesse momento, um clarão e uma trovoada de uma chuva que se aproximava fizeram a tuba ressoar com um som brontofônico.

Assustado, sujo de barro o baixinho teve dificuldades para sair. Felizmente não estava machucado. Imaginando energias negativas vindas do fundo do buraco que poderiam sugar ele com sua tuba para outra dimensão transformando-o em energia escura num experimento maluco do Professor Ventura, ele correu. E como correu!

- Pafúncia! Socorro! - gritou para a esposa ao entrar correndo em casa.

Ofegante, ele contou uma estória de que teria sido “atraído” para o buraco por forças estranhas e como escapou de ser sugado para uma quarta dimensão...

Sua esposa, já sabendo dos seus exageros, acalmou-o, e o mandou tomar um belo banho....

O dia da apresentação da solução do problema chegou. Todos esperavam pelo professor Ventura. A live foi aberta exatamente no horário combinado. Beto e Cleto se encarregaram de gerenciar o canal. Uma câmera foi colocada no laboratório apontando para um quadro negro. O professor Ventura a utilizaria nas suas explicações.

Milhares haviam se inscrito, acompanhando avidamente Prof. Ventura no seu canal. O sinal foi dado, e o Professor Ventura começou. Depois de agradecer a audiência e explicar o motivo dele estar ali, minimizando as consequências dos fatos que haviam se propagado de forma tão inesperada, ele disse que era apenas uma aposta, mas que tinha uma forte fundamentação científica e era perfeitamente viável. Ele explicaria:

- Vou procurar falar de maneira bem simples para que todos entendam. Vou usar apenas os conceitos da física que todos devem ter aprendido lá nos seus cursos médios e eventualmente até no curso fundamental. Nosso ponto de partida é energia, pois estamos justamente tratando do modo como ela pode ser armazenada.

O professor foi ao quadro negro onde representou um retângulo no interior do qual escreveu a palavra energia.

- Não existe uma definição para energia: Dizemos que um corpo ou um sistema tem energia quando ele tem a capacidade de realizar um trabalho. Trabalho? O que é isso? Trata-se da capacidade de produzir uma força, uma ação ou um movimento. Para movimentar um corpo de um local para outro, precisamos aplicar uma força nele. Com isso nós dispendemos energia, que vai ser dada pela força que realizamos multiplicada pelo percurso em que devemos mover o objeto e, é claro, pela sua massa.

O professor fez uma pausa.

- Continuando. Neste caso, temos energia mecânica, ou seja, convertemos a energia disponível neste corpo em força que se converteu em deslocamento. Mas, podemos ter outras formas de energia que não interessam totalmente neste momento. Podemos ter a energia armazenada numa bateria na forma de ligações de substâncias químicas que podem liberá-la na forma de eletricidade, acendendo uma lâmpada, por exemplo. O mesmo ocorre num capacitor em que armazenamos a energia num campo elétrico, e depois podemos obtê-la na forma de uma corrente elétrica. Mas, voltemos à energia mecânica.

Apagando os desenhos anteriores no quadro, o professor desenhou três molas. Uma em posição normal, uma contraída e outra distendida. Ele explicou:

- Uma mola em condições normais, não pode realizar nenhum tipo de esforço ou produzir algum tipo de movimento. Ela não contém nenhuma energia armazenada. Certo?

Muitos dos que estavam acompanhando a live, acenaram com a cabeça, concordando, mesmo sabendo que não estavam sendo vistos. O professor continuou.

- No entanto, se aplicar uma força a mola para contraí-la, estou usando energia para isso e essa energia ficará armazenada nesta mola. Posso recuperar essa energia depois fazendo com que a mola a entregue movimentando algum tipo de mecanismo. Relógios antigos e brinquedos faziam isso. Precisávamos "dar corda" para eles funcionarem. O que estávamos fazendo era simplesmente armazenar energia na mola.

Aguardando uns segundos, o professor prosseguiu.

- É lógico que a mola poderá entregar a energia até voltar à posição Normal. Veja então que armazenamos energia potencial "positiva" na mola. Mas aí é que entra algo interessante:

Levantando o dedo para chamar atenção o professor foi até a mola esticada:

- Para esticarmos uma mola, tirando-a de sua posição normal, também precisamos fazer força. Estamos também armazenando energia que pode ser aproveitada quando ela se contrair até o normal. No entanto, em física precisamos ter referência quando desejamos medir alguma coisa, ou seja, uma grandeza.

O professor apontou então para a mola na posição normal:

- Quando a mola está na sua condição normal, sem estar contraída ou distendida, ela não tem a capacidade de movimentar alguma coisa, ou seja, de realizar um trabalho. Assim, dizemos que sua energia potencial mecânica é zero. Como se trata de uma energia que é dada pela força e não pelo movimento, vamos além e dizemos que sua energia potencial é zero.

Ele prosseguiu:

- Então, podemos dizer que a mola contraída tem energia potencial positiva, cujo valor depende de seu grau de contração. E, que ela tem energia potencial negativa, se estiver distendida, dependendo de seu esticamento.

Beto e Cleto que acompanhavam o professor, concordaram. Ele continuou.

- Agora, estamos chegando perto do que interessa. Valor imaginar a energia potencial de um corpo que está num local elevado. Se tomarmos como referência o nível do chão como zero, ele terá tanto maior energia, ou seja, capacidade de realizar trabalho, quando maior massa ele tiver e mais alto estiver.

O professor projetou um slide em que aparecia um relógio cuco antigo.

- Num relógio como esse, quando puxamos a corrente e elevamos o peso, estamos entregando ao peso energia potencial. Com a energia potencial positiva, ao descer ele a entrega ao mecanismo que faz o relógio funcionar. Até que no nível mais baixo, não tendo mais energia para entregar, o relógio para. Precisamos novamente entregar-lhe energia suspendendo-o.

O professor foi ao quadro onde havia desenhado uma represa.

- Neste caso, temos a energia potencial positiva de uma represa. A água contém energia que pode entregar a uma turbina que a converte em eletricidade quando ela se movimenta para um nível mais baixo, que tomamos como referência como zero. Vejam então que podemos armazenar energia numa represa.

Ele então levantou o dedo indicador e explicou:

- Estamos chegando ao ponto: se durante o dia, pegarmos a energia solar captada por painéis e a usarmos para bombear água para uma represa. No fundo, estamos armazenando energia solar nessa represa.

O professor, com expressão muito séria, olhou para a câmera e perguntou:

- E se a água puder escorrer para um buraco? Ela ainda entregará energia a uma turbina?

Beto e Cleto se entreolharam.

- Sim certamente! - disseram e com isso o Professor concordou.

- Se tomarmos o nível da água normal, por exemplo, numa planície em que não podemos ter uma represa. E fizermos um buraco. Ao escorrer, a água pode entregar energia a uma turbina. Como sua energia no nível de referência é zero, ao escorrer ela passa a entregar sua energia potencial positiva para o buraco que vai diminuindo sua energia potencial negativa. Em suma, no fundo do buraco teremos água com energia potencial negativa e à medida que eleva enchendo, a energia do buraco vai subindo rumo ao zero.

- E a turbina funciona!

Beto comentou com Cleto.

- É diferente de energia térmica. Não existe frio mais frio que o zero absoluto. Energia mecânica não, podemos tê-la na forma negativa.

O professor continuou:

- Chegamos a outro ponto importante: vamos imaginar agora que fazemos um enorme buraco aqui em nossa cidade. Um buraco com 40 metros de profundidade e 100 x 100 m de dimensões.

O prefeito que assistia a live contraiu-se na sua cadeira.

- Aqui não!

O professor fez um desenho ilustrando o que queria demonstrar:

- A meia altura, por exemplo, 20 metros do fundo colocamos uma turbina que terá a água trazida por um cano de nosso rio, que corre no nível normal. No fundo do buraco colocaremos um cano que será ligado a bombas para esvaziar o buraco. Essas bombas serão acionadas por painéis solares.

Tudo isso foi desenhado no quadro negro. O professor estava pronto para explicar então sua ideia:

- Vamos partir do instante em que o buraco está vazio. Não vou dizer que na realidade ele está é cheio de energia potencial negativa, mas é isso.

Muita gente que não havia acompanhado o raciocínio do mestre não entendeu, mas ficaria claro mais adiante.

- Quando abrimos as comportas para encher o buraco, a água vai preenchendo-o e com isso movimentando as turbinas que geram energia elétrica, para alimentar as luzes da rua da cidade à noite. E energia negativa do buraco vai diminuindo à medida que a água sobe. Isso até o ponto em que ela chega ao nível da turbina.

O professor mostrou então os pontos A e B do seu desenho.

- Esta é a faixa de aproveitamento da energia negativa do buraco. Acima disso, a água já perde sua pressão à medida que o buraco enche e o aproveitamento da energia começa a diminuir.

Estava ficando claro para Beto e Cleto.

- Nesse ponto, já aproveitamos a energia potencial negativa que estava armazenada no buraco. Precisamos repô-la "carregando" novamente o buraco de energia. Assim, basta que o dia seguinte os painéis solares acionem as bombas de esvaziamento do buraco que então, à medida que a água baixa, vai tendo sua energia negativa reposta. Ele volta a ficar carregado de energia. A energia estará sendo armazenada.

- Caramba! O professor tem razão. Estamos armazenando energia no buraco. - Comentou Cleto

O professor ouviu o rapaz e sorriu.

- Uma vez carregado, com toda sua energia armazenada, à noite basta ligar a turbina para enchê-lo novamente até o nível ideal, e usar a energia para iluminar a cidade! E assim, usamos a energia armazenada num BURACO!

Beto e Cleto não puderam deixar de aplaudir.

- Energia potencial negativa! Tudo depende da referência. - Completou Cleto.

- O que não se pode fazer com um bom conhecimento da física. Princípios simples e óbvios, mas usados de maneira inteligente. Temos muito ainda que aprender.

- Sim! - completou Cleto. - Não é apenas conhecer os princípios, mas saber interpretá-los e usá-los. Perdemos a aposta!

- Mas com satisfação por ter aprendido algo novo.

Até o prefeito da cidade, que acompanhava a transmissão agora teve uma reação inesperada.

- Caramba! Isso significa que posso abrir buracos à vontade na cidade, sem precisar fechá-los! Posso aproveitar para armazenar energia!

Não era bem assim, o que foi explicado por um assessor, mas tinha mexido com os brios do político. Bem à tempo, pois conhecendo os políticos já pensava em aproveitar isso como plataforma para sua próxima campanha...

Depois tudo, com os parabéns de muitos pelas explicações e os esclarecimentos, muito consistentes, encontramos o Professor Ventura, Beto e Cleto na sorveteria, cada um com um belo picolé.

- O senhor ganhou, mas ainda não estou totalmente convencido. A energia estava disponível lá, mas ninguém havia se dado conta disso. - Começou Cleto.

- Sim, é o ovo de Colombo (*). A solução estava todo o tempo lá, mas ninguém havia se dado conta. Era só saber como explorar. - Explicou o Professor Ventura que continuou.

- E como essa solução, deve haver muitas outras, bem debaixo dos nossos narizes. É só saber explorar.

Beto comentou:

- Sim, mas é preciso ter muita imaginação e senso de observação. Uma qualidade que todo o maker, cientista, inventor deve ter.

- Certamente! São as qualidades que os grandes criadores têm. Não é algo que se aprende, mas se desenvolve. - Completou o professor Ventura.

- E certamente o Senhor tem essa qualidade! Pode até ver outras formas de se armazenar em lugares que nem imaginamos. Nem é preciso dizer isso.

E, olhando para seu sorvete, o Professor Ventura completou de uma forma que jamais alguém imaginaria, muito menos Beto e Cleto.

- Sim, podemos armazenar energia até mesmo neste sorvete...

Beto e Cleto saltaram das suas cadeiras.

- Essa não!

- Apostamos! - completaram os três ao mesmo tempo, selando a aposta com as mãos dadas

E, realmente, o Professor Ventura apostou com os dois alunos que ele teria um modo eficiente, cientificamente consistente e tecnologicamente possível de armazenar energia num sorvete.

Mas, isso é assunto para nossa próxima estória: "Armazenando Energia num Sorvete"

Códigos BNCC associados à estória:

Fundamental: EF69CI08, EF69CI09, EF69MA08 e EF69MA09

Médio: EM13CNT103, EM13MAT103 e EM13CHS103

Veja no final do livro, projetos associados além de links e temas para pesquisa.

Armazenando Energia num Picolé

Uma aposta entre o Professor Ventura, Beto e Cleto novamente leva muita confusão à pacata cidade em que eles residem. Desafiando princípios da física, entrando no campo místico e até de muitas interpretações capazes de deixar qualquer um confuso. Veja nesta estória como o Professor Ventura consegue provar que é possível armazenar energia num picolé e como isso pode revolucionar as fontes de energia alternativas do futuro.

Poderíamos até mudar o nome da aventura para "Carregue seu celular chupando sorvete", mas, vamos em frente.

Começamos esta estória no ponto em que a anterior, em que o Professor Ventura ganhava uma aposta, armazenando energia num buraco terminava, com os três tomando sorvete na sorveteria local.

Olhando para seu picolé atentamente, o Professor Ventura propunha que seria possível armazenar energia nele, segundo os mesmos princípios físicos usados para armazenar energia num buraco e que havia levado a aposta anterior.

- Sim, é possível armazenar energia num picolé. O suficiente para carregar seu celular!

Beto e Cleto, incrédulos, mas muito desconfiados, pois o Professor Ventura não falava nada que não tivesse uma boa fundamentação, arriscaram duvidar do fato.

- Sem essa, Professor. Você nos enganou com a energia armazenada em buracos. Era tudo real, um artifício na interpretação de princípios físicos bem conhecidos. Mas, agora, acho que não é possível.

- Querem apostar! Outra rodada de sorvetes.

Beto e Cleto não tiveram como escapar. Mesmo porque, seria a chance de devolver a aposta perdida anteriormente, tomando agora sorvete de graça.

- Apostado! Mas, temos de tomar cuidado desta vez. - Alertava Beto.

O Professor Ventura logo percebeu o ponto.

- Sim, não vamos espalhar isso pela cidade, e depois ter um monte de problemas com as más interpretações das pessoas, principalmente as que não sabem nada de ciência e tecnologia. Principalmente as que, por não entender negam.

- E certamente incluímos o Epaminondas. - Completou Cleto, lembrando que foi o barbeiro gordinho que espalhou a notícia de que o Professor Ventura queria armazenar energia em buracos e com isso causou pânico em muitas pessoas. Buracos negros na cidade, energia saindo dos bueiros e muitas coisas semelhantes levaram a cidade a um rebuliço total.

- Mas e as regras? Seriam as mesmas da nossa aposta anterior? - Perguntou Cleto.

- Acho que podemos adotá-las. Dou uma semana para que vocês descubram um modo de descobrir como isso pode ser feito. Caso contrário eu é que tenho de provar. Se vocês conseguirem, pago a rodada de sorvete, e não conseguirem e eu provar que é possível, vocês pagam.

- Trato feito! Apostado! - Os três terminaram seus sorvetes e foram para suas casas.

Mas, é claro, numa cidade pequena ninguém consegue ficar de boca fechada por muito tempo e, mais cedo ou mais tarde, as notícias se espalham. Principalmente as ruins, e desta vez foi cedo demais. Cleto não conseguiu ficar de boca fechada.

Achando que se falasse alguma coisa com seu pai, não iria muito longe, pois o "velho" não era pessoa de ficar espalhando notícias, mas havia um pequeno detalhe que mudaria tudo. No dia seguinte ele foi ao barbeiro. Não é preciso dizer que, muito mais importante que o jornal local e a pequena rádio, para se espalhar as novidades que todos gostariam de saber (e de não saber, também) era a barbearia do Epaminondas.

- Sim, parece que o Professor Ventura continua fazendo seus experimentos estranhos. Às vezes me preocupo com meu filho, que gosta do que ele faz e às vezes de uma forma preocupante.

Epaminondas, que era sempre a principal vítima do Professor com seus experimentos, às vezes malsucedidos ou bem-sucedidos demais, logo arregalou os olhos, percebendo que “vinha alguma bomba”.

- Tem ideia do que ele está fazendo agora?

- Maluquice. Cleto disse que parece que ele está tentando armazenar energia em sorvetes.

- ? - Epaminondas parou com a tesoura e o pente em riste e um olhar incógnito para o infinito. Incógnito mesmo, pois o músico e barbeiro era levemente vesgo.

- Sei lá o que ele está pretendendo. O problema é que ele está muito à frente de todos nós quando se fala de ciência, e às vezes a gente, por não entender, se preocupa demais ou fica mesmo apavorado. Já aconteceu outras vezes.

- Sim. Esperamos que não seja nada perigoso. - Concordou Epaminondas, que terminando de cortar o cabelo do pai de Cleto, recebeu o pagamento, despedindo-se do cliente.

- Energia em sorvetes! O próximo! - Pelo menos não é em tubas - pensou Epaminondas.

Epaminondas não se preocupou, mas ficou a “coisa” em sua cabeça.

- Pode ser golpe publicitário. - Comentou o Sr. Agnaldo, cliente seguinte.

- Como assim?

- Você sabe. Com a abertura de nova sorveteria do outro lado da praça, o Carlinhos da sorveteria mais antiga vive inventando novos sabores para seus picolés para atrair clientes. - Ele parecia ter razão.

- Sim, é isso mesmo. Sorvetes com nomes e fórmulas estranhas. Lembra-se do sorvete de pedra que ele lançou. - comentou Epaminondas.

- Sorvete de pedra. Essa eu não me lembro.

- Acho que foi no tempo que você esteve fora. Foi muito interessante. Até deu brigas na ocasião.

O Agnaldo queria saber mais.

- Muito esperto, o Beto fazia um sorvete com diversos ingredientes, muito saboroso, por sinal, e que servia numa taça com uma pedra no fundo. - Epaminondas explicou a ideia do sorveteiro que até provocou atritos com quem se sentiu enganado pela publicidade.

- A pedra está aí. Não há por que reclamar. - Justificava o sorveteiro.

- Sorvete de pedra! Mas a pedra não fazia nada. Ideia engenhosa. Pode ser que ele esteja envolvido na ideia do Professor Ventura que está sempre lá tomando sorvete.

- Pode ser que estejam trabalhando num sorvete de energético. - Concordou Epaminondas.

- Sim, talvez comecem a circular as notícias pela cidade. Até vejo a faixa que ele vai colocar na sorveteria. “Picolé de energia - Venha provar nosso picolé de energético”.

- Puff. Mas, pensando bem, acho que tem mais coisa por trás de tudo isso. O Professor Ventura não costuma se envolver com projetos simples. Vou ver se descubro alguma coisa mais - Epaminondas tinha razão.

Mais um cliente deixava a barbearia levando notícias que ajudaria a espalhar, e causar confusão.

- O próximo.

E assim foi o dia inteiro na Barbearia do Epaminondas e o assunto foi sempre o mesmo: o Professor Ventura estaria trabalhando num projeto para armazenar energia em sorvetes.

Mas, quem conta um conto acrescenta um ponto, já dissemos isso antes, a cada pessoa para quem era passada a estória, algo era alterado ou acrescentado e pouco a pouco, e estória ia mudando.

- Está querendo trazer icebergs para Brederópolis.

- Vai montar uma incubadora de pinguins na praça.

- Vai colocar uma geladeira quântica na sorveteria do Zezinho

- Vai mudar o clima do mundo. Vai inverter o efeito estufa.

Esses eram apenas alguns dos comentários que começaram a correr pela cidade, e isso poucas horas depois que Cleto conversou com seu pai.

Mas, o mais preocupante não eram os comentários "inocentes". O mais preocupante estava nos comentários de catastrofistas, pessimistas e outros que logo imaginavam o pior e coloque pior nisso.

- Vai congelar a cidade.

- Dentro da geladeira estará mais agradável

- Morreremos de frio.

- Nunca mais teremos sol.

Alheios a tudo isso, o Professor Ventura, Beto e Cleto continuavam suas vidas normais. Beto e Cleto tentavam obter uma solução sobre o problema de armazenar energia num picolé.

- Frasco de Dewar. Arriscou Cleto. Beto pensou em outra coisa.

- Ciclo de Carnot.

- Sim, se tem algo a ver com movimento de frio e calor, certamente tem algo a ver com o ciclo de Carnot. Pode ser o ponto de partida. Vamos sondar o professor Ventura.

- Primeira pista! - Foi apenas o que disse o Professor Ventura quando interrogado sobre a possibilidade de a solução ter algo a ver com o Ciclo de Carnot.

Para quem não sabe, o frasco de Dewar nada mais é do que a conhecida garrafa térmica. Ela é formada por um frasco duplo hermético de tal forma que entre eles seja feito o vácuo. O frasco interno é espelhado.

Assim, quando colocamos um líquido quente nesse frasco, o calor não pode escapar. Lembrando que temos três formas possíveis para um corpo perder calor: contato, irradiação e convecção, no frasco impedimos as três.

Por contato ele não escapa, pois entre as paredes dos dois frascos existe o vácuo. Por irradiação, também não escapa, pois o frasco interno é espelhado. A radiação reflete.

E, por convecção não é possível, pois o frasco é fechado não podendo se formar correntes de ar que carreguem o calor. Da mesma forma, se colocarmos um líquido frio no frasco, ele se mantém, pois o calor externo não pode entrar para aquecê-lo.

Mas, voltando ao problema do Prof. Ventura.

- Ciclo de Carnot. Como se enquadra isso na possibilidade de armazenarmos energia num sorvete. Precisamos saber mais sobre isso. Vamos dar uma olhada na internet assim como nos livros de física do ensino médio.

Beto e Cleto partiram para uma pesquisa.

Enquanto isso, na cidade, as notícias sobre os experimentos do Professor Ventura se espalhavam, com gente acrescentando coisas sem fundamento, preocupantes e até alarmantes que se tornavam realidade e se espalhavam.

É a técnica das Fake News, tão odiada em nossos dias e usada como ferramenta de doutrinação ou intimidação por grupos mal-intencionados.

Um bom estudo poderia ser feito em Brederópolis para demonstrar como, de uma simples informação correta, sem segundas intenções, pode-se chegar a uma sequência de notícias falsas que até pode comprometer a segurança das pessoas.

E, é claro, nos nossos dias, como não poderia deixar de ocorrer, as notícias também se espalharam pelas redes sociais e isso se tornou um assunto mundial.

Nas redes vídeos foram feitos para mostrar que era possível colocar uma gigantesca placa sensora de frio na Groenlândia ou no Polo Sul e gerar energia derretendo todo o gelo existente. Isso não era muito preocupante. O Preocupante estava no fato de que isso faria com que o gelo derretido elevasse em 15 metros o nível do mar inundando todas as cidades do mundo.

Nova Iorque, por exemplo, teria Manhattan totalmente encoberta pela água até o terceiro andar de seus prédios. Nessa ilha, o ponto mais alto está apenas a 7 metros acima do nível do mar!

- Apavorante!

E muitas outras informações geravam confusão e até tornavam o pacato Prof. Ventura num vilão que deseja destruir a humanidade. O Bill Gates é um exemplo disso.

- Precisamos fazer alguma coisa! - Dizia o prefeito ao presidente da câmara municipal quando soube do assunto. É claro, já bem deformado.

- Ele pretende congelar a cidade para poder tirar energia do gelo que vai se formar. - Era o que dizia o vereador.

- Nossas plantações de limões, fontes de receita para a cidade vão desaparecer. Mudanças climáticas!

É claro que o problema cresceu e, novamente, pelo que se espalhou nas mídias, o professor teria de se manifestar. Não teve saída. Quando o professor soube o que estava acontecendo, decidiu que precisava novamente dar explicações. Uma nova live foi marcada.

Mas, neste ponto da estória, o personagem de sempre, que nada tem a ver com a tecnologia, começava a se envolver em confusões.

Novas ideias sobre gelo, frio e energia trocadas durante o dia todo na barbearia deixaram Epaminondas confuso e com medo.

Como costuma acontecer no meio estudantil, existem os chamados “espíritos de porco” que não perdem a oportunidade para fazer brincadeiras de mau gosto com quem puderem. Marco e Zeca eram bem conhecidos na escola técnica, por ter feito coisas como colocar sapos nas bolsas das meninas, rapé na mesa dos professores e coisas semelhantes, não raro pegando suspensões e até ameaças de expulsão.

Não iriam deixar de se aproveitar do que estava ocorrendo, já que na disputa anterior não tiveram ideia do que fazer. Sabendo que Epaminondas sempre se envolvia em problemas com sua tuba e o Prof. Ventura imaginaram uma brincadeira para "mexer" com os brios e certamente a tuba do barbeiro.

Um deles, indo ao barbeiro, sob o pretexto de cortar o cabelo, comentou:

- Vi uma notícia na internet de que pesquisadores russos estariam verificando a possibilidade de ser congelar tubos de metal em forma de cone cheios de gelo agitados por potentes vibradores seriam ligados a eletrodos, de onde poderiam obter energia elétrica.

- Tubos em forma de cone! Minha tuba!

O engraçadinho sorriu. Tinha de mexer com a tuba, mas ele ainda não estava muito certo do que faria em seguida.

- Daria uma ótima fonte de energia. O professor Ventura não conversou ainda com o senhor?

- ?!!!!

A conversa parou por aí, mas o Epaminondas ficou preocupado. Muito preocupado.

- Você se preocupa demais. Foi apenas coincidência! - Acalmava Dona Pafúncia. - Por que não relaxa, assistindo um bom filme depois do jantar?

E foi isso que Epaminondas fez, mas não foi muito feliz no filme escolhido. Epaminondas gostava dos desenhos da Disney e não podia dar outra: Frozen.

Gelo do Professor Ventura, Energia armazenada numa tuba congelada, um mundo totalmente gelado e uma "Bruxa do Inverno" apavorando todos.

Epaminondas sonhou com uma bruxa de longos cabelos azuis cercando-o e querendo arrematar sua tuba para colocar um "feitiço" capaz de congelar o mundo. Ele corria, corria muito, e ela atrás... Acordou gritando e suando...

Sua esposa o acalmou, mas isso não foi suficiente. Carregando sua tuba, lá se foi o músico para a cidade no final da tarde onde tocaria na banda. Não abriu a barbearia nesse dia. Estava muito abalado com o sonho. Poderia machucar algum cliente com a navalha ao fazer a barba.

Mas, era sábado e Dia das Bruxas, o Halloween, comemorado no dia 31 de outubro, dia da véspera de todos os santos tinha caído justamente nesse sábado.

Se bem que mais comemorado nos países de língua inglesa, havia uma tradição principalmente para as crianças de fazer brincadeiras e até mesmo festas.

E isso ocorreu na escola de Brederópolis, principalmente sob o comando da professora Rosita de ensinava espanhol e que adorava se fantasiar nessa época, pois era originária de país em que se comemorava essa data de forma intensa. Chamada de "Noche de Brujas" a festa foi levada para a Espanha por imigrantes irlandeses e se espalhou depois pelo mundo latino da América do Sul trazida pelas empresas americanas que exploravam o petróleo venezuelano. Até hoje na Venezuela, nas escolas o Halloween é dia de festa e foi isso o que ocorreu em Brederópolis.

A festa correu às mil maravilhas com as crianças se divertindo muito: máscaras, fantasias, esqueletos, fantasmas e a famosa brincadeira "gostosuras ou travessuras" em que as crianças saiam pela cidade pedindo doces de casa em casa. As pessoas sabiam e reservavam algumas balas, pedaços de bolo ou biscoitos para esse dia. É claro que, mesmo que não dessem nada, as travessuras não ocorriam.

Rosita, fantasiada de bruxa com uma enorme peruca azul, chapéu pontudo e óculos proeminentes voltava para casa, carregando uma caixa de gelo a tiracolo com alguns refrigerantes que haviam sobrado. O caminho era justamente o oposto do que fazia Epaminondas.

E, Rosita parecia justamente a Bruxa do Inverno!

O encontro dos dois, numa curva da estrada foi muito interessante, para não dizer apavorante para o pobre Epaminondas! Justamente no ponto em que a estrada faz uma curva, com um muro que impede que se veja quem vem do outro lado, Rosita se encontrou com o Epaminondas.

Foi nesse momento que, tropeçando num buraco, Rosita fez com que sua caixa de gelo abrisse e lançasse justamente na direção do Epaminondas uma porção de pedras de gelo. O susto do músico foi imenso. Vendo a "Bruxa do Inverno" atacando-o com pedras de gelo, ele gritou!

- Uaaaaai! - E correu.

Rosita percebeu que tinha assustado o Epaminondas. Tentou correr para acalmá-lo.

Mas, mesmo sendo baixinho e carregando

uma tuba, quando assustado ninguém seria capaz de alcançá-lo.

Para chegar mais rápido, resolveu cortar caminho por um pasto, mas logo que passou a cerca deu de frente com a Beneplácida, a famosa vaca mais brava de toda a cidade.

Correu ainda mais! E, do outro lado do pasto, ao passar pela cerca de arame farpado fez um enorme rasgo no traseiro de suas calças.

Chegou em casa gritando, ofegante e com as caças rasgadas.

- Socorro, Pafúncia! A “Bruxa do Inverno” está atrás de mim.

Dona Pafúncia que sabia dela pelo sonho do Epaminondas tentou acalmá-lo.

- Calma, foi só um sonho.

- Sonho nada, ela existe! E tentou “congelar” minha tuba!

Nesse momento, Rosita chegou ofegante à casa do Epaminondas, batendo na porta de entrada. Dona Pafúncia foi atender, pois o músico apavorado correu para o quarto.

Abrindo a porta, viu uma criatura estranha saída de um conto de fadas. Chapéu de bruxa, cabelo azul e enorme óculos. Levou um susto, mas logo se acalmou, pois reconheceu na voz a Rosita, professora de Espanhol da escola local.

- Buenas tardes. Oh! Acho que assustei "señor" Epaminondas. Não deu tempo de falar que era eu, Rosita. Ele correu apavorado. Está tudo bem com ele?

Epaminondas, saindo do quarto meio temeroso, logo percebeu que era a Rosita e dadas as devidas explicações ele se acalmou.

Mas, foi um belo susto, que só serviu para aumentar ainda mais o medo dos experimentos do Professor Ventura. A notícia do acidente havia se espalhado pela cidade.

Enquanto isso, Beto e Cleto, procuravam a solução nos livros de física e artigos da internet.

- Aqui está "Ciclo de Carnot". Diz o seguinte: O ciclo de Carnot pode ser descrito pelas seguintes etapas. Beto leu o texto da Internet.

- Não entendi! - Cleto tinha dúvidas.

- Simples. Onde a movimentação de calor de ponto mais quente para um ponto mais frio pode-se obter energia. Assim funcionam as máquinas a vapor. Foi pela compreensão desse princípio que James Watt pode aperfeiçoar a máquina a vapor e Fulton fez a primeira locomotiva. - Explicou Beto

Cleto entendeu, mas não percebeu como isso poderia ser aplicado a um sorvete, ou ao gelo da Groenlândia, pois parecia contrariar esse princípio.

- Mas, um sorvete está mais frio que o meio ambiente, portanto ele não pode fornecer calor.

- Realmente. O calor, que é energia, só pode ser movimentar do mais quente para o mais frio e não ao contrário. O sorvete está frio e o calor que ele contém ainda, pois está acima do zero absoluto, só pode fluir para um corpo que esteja mais frio que ele.

Beto sabia que as leis da natureza não podem ser alteradas pelo homem.

- Entendi. Talvez o professor tenha na cabeça algo que não percebemos neste princípio.

Ele sabe que as leis da física não podem ser violadas.

Resolveram fazer uma visita ao professor para ver se conseguiriam "descobrir alguma coisa". Encontraram o mestre trabalhando na sua bancada com um dispositivo branco sobre um dissipador de calor e um multímetro.

O professor levou um susto quando os dois entraram, procurando logo esconder os componentes. Beto e Cleto se entreolharam. O professor tinha a solução do problema e ela estava naqueles componentes. Restavam ainda alguns dias para apresentar a solução, mas o problema havia crescido e, na verdade, o professor teria de mostrar a solução numa live.

O problema havia se espalhado de tal forma, e as confusões do Epaminondas, o burburinho que corria pela cidade e pelas redes sociais, exigia que ele desse uma explicação convincente e ao vivo. O mundo estava com medo!

Beto foi quem perguntou primeiro ao professor.

- Já tem a solução, professor. Nós ainda não. Sabemos que tem algo a ver com o ciclo de Carnot, mas também sabemos que ele não pode ser "invertido".

Cleto deu prosseguimento.

- A não ser que o senhor tenha conseguido inverter o tempo quântico do sorvete e com isso fazer o calor se tornar negativo, fluindo do mais frio para o mais quente.

O professor sorriu.

- Hoje em dia, tudo que não se pode explicar na física, atribui-se à física quântica. É normal. Vemos tantas besteiras nas redes sociais sobre o assunto, que no dia que falarem algo sério, ninguém vai acreditar.

Fez uma passa, e prosseguiu:

- Não vou violar nenhuma lei da física e já tenho tudo pronto para a live, inclusive com um experimento prático. Vou acionar um motor elétrico com uma pedra de gelo e depois pretendo montar um carregador para o meu celular que vai funcionar com um sorvete.

Beto e Cleto não sabiam se sorriam por estarem incrédulos, ou ficavam sérios por concordarem.

O grande dia chegou. Não se comentava outra coisa na cidade e nas redes sociais. Epaminondas não saiu de casa, assustado com a possibilidade de ser arrebatado com sua tuba por algum "campo quântico" para um mundo gelado onde a bruxa do inverno lhe congelasse.

Chegaram ao laboratório com a câmera de vídeo e luminárias, prontos para ouvir as explicações do professor ventura. Ele tinha preparado um pen-drive com algumas imagens que pediu para Beto preparar na live, na medida que fosse solicitando.

Também pediu para conectar uma segunda câmera que focalizaria durante a live sua bancada, onde faria o experimento citado no dia anterior. Beto se encarregaria de trocar as imagens e os slides à medida que a live transcorresse. Tudo de uma maneira profissional. Usaria o canal do Youtube para que tudo ficasse gravado.

O professor tinha preparado um cenário com alguns componentes eletrônicos e um multímetro.

A apresentação começou exatamente no horário combinado. O anúncio nas redes tinha trazido uma enorme quantidade de inscritos que já apareciam no lado da tela de monitoramento com seus comentários. A tela principal estava compartilhada com o Professor Ventura e Beto que atuaria como apresentador. A "live" ficaria gravada no Youtube para quem desejasse vê-la depois.

- Boa tarde a todos. Conforme prometido, o Prof. Ventura nos brindará com uma apresentação técnica em que mostrará como é possível armazenar energia no gelo. Para os que não sabem, essa apresentação é produto de uma aposta em que o professor fez, dizendo que seria possível gerar energia a partir de um picolé. Com vocês, o Prof. Ventura, da Escola Técnica de Brederópolis.

De avental branco, ao lado da bancada, o professor iniciou sua apresentação.

- Boa tarde a todos. Na minha apresentação teremos uma série de slides que colocaremos no seu vídeo à medida que as explicações forem dadas. Alguns deles, para maior entendimento, até serão animações.

Ele fez uma pausa. Pretendia dar uma aula de física até recomendando que as pessoas que tivessem dúvidas consultassem seus velhos livros do ensino médio.

- Conforme vocês sabem da física, calor representa uma forma de energia. Energia contida na agitação das partículas de um corpo que se reflete em sua temperatura. Dois corpos podem de mesmas dimensões e mesmo material terão a mesma quantidade de energia armazenada na forma de calor, se estiverem na mesma temperatura.

- No entanto, dois corpos de dimensões e materiais diferentes, na mesma temperatura, podem conter energia térmicas armazenadas diferentes, ou seja, quantidade de calorias. Medimos a quantidade de energia térmica em calorias (Cal).

- A tendência na natureza é de que os corpos tenham suas temperaturas equilibradas. Assim, se colocarmos em contato um corpo mais quente com um mais frio, a agitação térmica das partículas do mais quente se transferirá para as do mais frio até que fiquem iguais, e com isso os corpos fiquem na mesma temperatura. Desta forma, o calor só pode passar do que tem mais energia ara o que tem menos, de forma natural. O calor sempre passa do corpo mais quente para o mais frio.

Depois de pequena pausa o professor continuou.

- Foi entendendo o modo como essa passagem de calor de um corpo para outro que Carnot desenvolveu uma teoria, conhecida pelo Ciclo de Carnot e que depois, através de James Watts permitiu o aperfeiçoamento das máquinas a vapor e levou a criação da locomotiva a vapor.

- Ciclo de Carnot! - Comentou Beto. - Sabia que tinha algo a ver.

O professor continuou:

- Em suma, para termos energia de um corpo aquecido, é preciso que ele tenha um modo de transferir essa energia para um corpo mais frio. No processo, podemos aproveitar parte dessa energia, Carnot nos diz que não podemos aproveitar 100%, para obter força mecânica, movimento ou... - Ele fez uma pausa:

- Eletricidade.

Olhando sério para a câmera, ele chegou ao ponto crítico.

- Sim. Agora vocês me perguntam: como obter energia de uma pedra de gelo, se ela está mais fria que o meio ambiente. Ela não tem como passar calor para ele, a não ser para um corpo mais frio.

Chegava-se então a um ponto em que muita gente não interpreta corretamente:

- Mas podemos fazer o inverso. Um corpo frio, representa uma reserva de energia "negativa", pois corpos mais quentes podem passar para ele sua energia. Assim, podemos tomar o meio ambiente com isso. Atribuímos a ele 0 de energia, pois todos os corpos que estão nele estão a mesma temperatura. Mas, os corpos mais frios, como uma pedra de gelo, representam uma reserva negativa de energia.

Beto e Cleto se olharam, lembrando a energia negativa de um buraco, da aposta anterior...

Uma nova pausa:

- Assim, se conseguirmos colher o calor que flui do meio ambiente para uma pedra de gelo, ao derretê-la, podemos usar esse fluxo para gerar energia. Energia que, no fundo, está armazenada na pedra na forma negativa (ou seja, faltando) e que pode ser convertida em eletricidade.

(Na verdade, a energia está armazenada no ar ambiente. O seu fluxo para o gelo é que permite sua conversão)

Muita gente não entendeu as explicações do professor. Ele sabia disso, e por isso criou um experimento. Indo à bancada, pegou um pequeno componente que explicou o que era:

- Isso é um transdutor de efeito Peltier. Vou explicar melhor.

Colocando-o sobre um dissipador de calor, o professor usou um slide para mostrar como ele funcionava.

- Descobriu-se que se tivermos uma junção semicondutora, um diodo, por exemplo, ao passarmos uma corrente elétrica, a energia dispendida no processo “carrega” o calor de um material para outro, P para N, por exemplo. Com isso, uma face do material esfria e a outra esquenta. O dispositivo assim formado, denominado de “efeito Peltier” pode transportar calor de uma face a outra. Um lado esquenta e o outro gela. (Veja aventura anterior)

O professor mostrou uma aplicação para o dispositivo num slide:

- Podemos ter então "geladeiras" simples, em que colocamos um dispositivo desse tipo e, ao ligarmos a alimentação, ele gela no interior, passando o calor para o lado de fora. Geladeiras pequenas usadas em carros, as pequenas adegas para vinho e cervejas funcionam deste modo.

Uma nova pausa:

- Mas, o que nos interessa é que ele também funciona ao contrário! Se as suas faces estiverem em temperaturas diferentes, e o calor puder fluir entre elas, energia elétrica é gerada. Uma pequena tensão aparece nos terminais do dispositivo. Em outras palavras, podemos gerar energia elétrica a partir da diferença de temperatura entre dois corpos, usando este dispositivo ou qualquer outro que tenha uma junção semicondutora.

Mas, o que interessava ainda estava por vir. E o gelo? E o sorvete?

- Mas, e o gelo? Como fica? Não pode fornecer calor, certo? Mas, pode receber e de onde? Do meio ambiente.

Indo ao seu transdutor, ele o ligou a um multímetro, explicando:

- Vou ligar este multímetro ao dispositivo Peltier para indicar a energia elétrica que está sendo produzida pelo gelo através do dispositivo de conversão. Vou então colocar o dispositivo sobre um radiador de calor... - Pausa - Não, não vou dissipar o frio. O que vai ocorrer é que, quando eu colocar uma pedra de gelo sobre o dispositivo e a outra face estando sobre o dissipador, imediatamente o calor vai começar a fluir do lado mais quente, o dissipador, para o lado mais frio, onde está o gelo. Esse fluxo de calor gerará energia elétrica. Vejam!

- O professor colocou então a imagem da câmera que apontava para abancada.

E, foi o que ocorreu. No momento em que o Professor Ventura colocou a pequena pedra de gelo no seu dispositivo de 1,2 V, imediatamente a agulha do multímetro saltou e indicou mais de 200 mA.

- O fluxo de calor do meio ambiente, captado pelo dissipador, para a pedra de gelo está gerando energia.

De onde vem essa energia? Na realidade, é energia armazenada na forma negativa na pedra de gelo. Energia que eu usei para gelá-la quando água foi colocada no meu congelador.

- Para cada grama de água que eu passo de 0 grau no estado líquido para 0 grau no estado sólido eu preciso de 80 calorias. É o que se denomina calor latente. 80 calorias significam 334 Joules ou convertido em energia elétrica 334 watts por segundo.

Com mais matemática o professor prosseguiu:

- Uma simples pedrinha de gelo de 10 gramas tem 3340 Joules disponível, ou se totalmente aproveitada esta energia, pode fornecer o suficiente para alimentar uma lâmpada de 10 W por 334 segundos ou mais de 5 minutos!

Percebendo que está indo longe demais com a matemática ele mudou um pouco de assunto:

- Sim, energia na forma negativa, ou seja, "falta energia" para derreter o gelo, a qual deve ser entregue pelo meio ambiente. Obtivemos esta energia pela nossa geladeira que a retirou da pedra. Percebam então por que a geladeira é um eletrodoméstico gastão. Quantos watts de energia para fazer gelo, e tudo fica armazenado nele.

Mas, um experimento final.

- Vou ligar esse pequeno motor ao meu dispositivo de conversão de energia e colocar esse pequeno picolé de limão sobre ele e vocês verão.

O experimento foi feito. Ao apoiar o picolé sobre o dispositivo com o motor ligado a ele, imediatamente ele começou a girar movimentando a pequena hélice.

- Convertendo em eletricidade a energia armazenada no picolé! - O professor completou a demonstração sendo aplaudido pelos que estavam na sala.

Mais uma vez encontramos o Professor Ventura, Beto e Cleto, tomando sorvete na sorveteria do Carlinhos e, é claro, um picolé apoiado num dispositivo Peltier. com dois fios ligados a um pequeno inversor, carregando um celular.

- Quase fomos enganados desta vez. Certamente, basta pegar os princípios da física e trabalhar com eles sob um ponto de vista não convencional. - Falava Beto.

- Sim, já percebemos que coisas que podem parecer impossíveis ou contrariar os princípios da física, na realidade podem ser viáveis, dependendo da correta interpretação.

O professor Ventura dava razão aos rapazes.

- Veja que esse é um dos problemas que temos hoje em dia para criar coisas novas. Estamos tão apegados ao que conhecemos que não conseguimos visualizar coisas que não sejam convencionais. É a velha ideia do ovo de Colombo. Isso ainda ocorre.

Beto estava pensativo:

- Como poderíamos ensinar já nas escolas a trabalhar com a imaginação no sentido de podermos fugir as limitações que os conhecimentos convencionais nos são passados?

O professor Ventura sabia como:

- Heurística.

- ?

- Está bem, eu explico. A Heurística é um ramo da filosofia muito importante. Também chamada por alguns de “A ciência do pensamento criador”. Ela ensina como tratar a informação, entre outras coisas, de modo a tirar dela coisas novas e coisas que realmente nos interessam na resolução de um problema. Beto usou a Heurística para resolver o problema de armazenar energia no sorvete.

Beto sorriu. O professor continuou.

- Vejam bem. Hoje somos bombardeados com uma quantidade de informações tão grande que não conseguimos processar se quisermos o que usar para resolver um problema.

- Digite “frio” e “armazenar energia” no Google e você terá centenas de milhares de documentos. Quais deles são relevantes para resolver o problema? A Heurística, ensina justamente isso: como escolher as informações relevantes para a resolução de um problema. Às vezes nos debatemos inutilmente sobre informações que não tem relevância alguma para resolução de nosso problema e até podem nos levar a conclusões erradas.

- Isso mesmo. Pensamos inicialmente apenas no fluxo de calor do mais quente para o meio ambiente e não do meio ambiente para o mais frio. E, justamente no inverso estava aí a solução.

- Fico imaginando a possibilidade de termos pequenos geradores em caixas de transporte de refrigerantes que produziriam a eletricidade para carregar um celular ou um aparelho de som num churrasco em local sem luz. - Cleto jogava com a imaginação.

- E, mais que isso. Nos países fios, poderiam ser usado o gelo formado na piscina no inverno para gerar energia para uma casa ao derreter na primavera.

Cleto começo a rir. Tinha imaginado uma aplicação cômica.

- Vestíveis. Fico imaginando a nossa amiga especialista em wearables, criando um chapéu com um transdutor desse que, em contato com alguém de "cabeça fresca" geraria energia para o celular.

Todos riram. Mas. o professor Ventura olhando o sorvete derretendo sobre o carregador, repentinamente totalmente inesperado.

- Se podemos armazenar energia num buraco, no frio por que não na escuridão?

- Essa não! Escuridão é falta de tudo. Falta luz, falta energia! Só falta querer fazer uma aposta. - comentou Cleto

Não deu tempo de Beto falar alguma coisa. Olhando para os dois, o professor Ventura exclamou:

- Aposta Feita!

Não vamos dizer como é possível armazenar energia na escuridão. Isso vai ficar para a terceira estória desta série.

Códigos BNCC associados à estória:

Fundamental EF69CI08, EF69CI09, EF69MA08 e EF69MA09

Médio: EM13CNT103, EM13MAT103 e EM13CHS103

Veja mais nos links no final do livro.

Armazenando Energia no Escuro

Esta estória começa no ponto em que a anterior termina. Depois de mostrar que é possível armazenar energia num buraco, armazenar energia num picolé, o Professor Ventura, Beto e Cleto se envolvem numa nova aposta que aparentemente levanta uma questão impossível: armazenar energia na escuridão ou num local cheio.... de nada. Escuridão pura. Se Beto e Cleto se admiraram com esta nova proposta do professor Ventura, certamente nossos leitores também.

Este será justamente o assunto dessa nova aventura do Professor Ventura, Beto e Cleto, envolvendo muitos personagens conhecidos da pequena e pacata cidade, ensinando um pouco de física, abordando novas tecnologias que estão chegando e é claro, sem "viajar na maionese" tentando soluções que escapem do mundo real, os dos princípios da física que aprendemos na escola.

Partimos então do ponto em que o Professor Ventura acabava de mostrar que era possível armazenar energia num buraco ou no frio de uma pedra de gelo ou de um sorvete:

- Se podemos armazenar energia num buraco, no frio por que não na escuridão?

- Essa não! Escuridão é falta de tudo. Falta luz, falta energia! Só falta querer fazer uma aposta. - comentou Cleto

Não deu tempo de Beto falar alguma coisa. Olhando para os dois, o professor Ventura exclamou:

- Aposta Feita!

É claro que desta vez combinaram que ninguém realmente falaria nada sobre o assunto. Já com a experiência de outras vezes que ideias mal-entendidas tinham causado muita confusão, ficaram temerosos. É claro, entretanto, que sempre ocorrem falhas e desta vez a informação de que estariam “tramando alguma coisa” escapou novamente.

A responsável foi a Mariazinha, aluna da mesma escola, famosa por ser uma grande “fofoqueira”, que estava justamente na mesa próxima dos três e ouvidos bem atentos. Ela ouviu quando o Prof. Ventura falou em “armazenar energia no escuro”.

Levou a ideia para suas amigas que logo espalharam essa nova ideia maluca do professor.

- Armazenar energia no escuro? Que maluquice é essa. Apagamos a luz e tiramos a energia com uma peneira.

Um dos alunos do curso de eletrônica, que estava na conversa, logo imaginou uma situação bem interessante baseada nas estórias em quadrinhos, especificamente de Walt Disney. Lembrou de uma estória em que o Prof. Pardal apresentava sua última invenção: “uma lanterna de luz negra para escurecer lugares claros”.

Ele foi além na sua ideia, pensando na possibilidade de o Professor Ventura ter inventado uma fonte de “escuridão” que a faria incidir numa fotocélula “ao contrário”. O Professor já tinha surpreendido todos ao fazer um dispositivo de efeito Peltier (Seeback) funcionar ao contrário, gerando calor a partir do sorvete.

Comentava-se na época as descobertas feitas com singularidades ópticas que poderiam levar a uma nova "tecnologia da escuridão". O professor até havia comentado o assunto.

- Singularidades são lugares em que determinados parâmetros são indefinidos, como ocorre, por exemplo, na física quântica onde esses locais de dimensões muito pequenas podem existir. Uma singularidade óptica, em que determinado parâmetro é indefinido, parece como um lugar completamente escuro, mas ela pode ser manipulada como se fosse um quantum de luz.

Todos prestaram atenção quando ele explicou isso.

- O resultado é que teremos uma espécie de nova ciência da luz que pode manipular pontos de escuridão.

- Como na lanterna do professor Pardal.

- Exatamente. Será possível realmente projetar no futuro, feixes de escuridão ou gerar padrões escuros em metamateriais...

O assunto era fascinante naquele ano de 2021, e muito se esperava dessa nova tecnologia. Mas, o fato é que a nova pesquisa do Professor Ventura se espalhou e os comentários começaram a correr a cidade.

Beto e Cleto, alheios ao fato, assim como o Professor Ventura não se deram conta de que novamente estavam mexendo com fogo (se bem que no escuro não seja uma má ideia), mas os habitantes da cidade não pensavam da mesma maneira.

E, é claro, a notícia de que o professor estaria tentando armazenar energia no escuro chegou ao Epaminondas. E, Epaminondas tem um medo danado do escuro. Não é preciso dizer que se algo aconteceria com ele no caminho de volta para casa, justamente à noite teria de ser justamente agora.

Com o medo redobrado pelas notícias que o Professor Ventura estaria fazendo um de seus estranhos experimentos, justamente mexendo com a escuridão e, além disso, os comentários que corriam pela cidade falando em criaturas das trevas, fantasmas, outras dimensões, ele tremia só em pensar nisso.

Até pensou em fechar a barbearia mais cedo, quando ainda estava claro, e assim se livrar do terrível pesadelo que seria percorrer o caminho mal iluminado que levada a sua casa. Principalmente, levando em conta que passava diante do cemitério. Brrr.

Outro assunto que corria solto na cidade, que pela presença do velho mestre e sua tecnologia, despertava interesse nas pessoas comuns, era o relativo à astronomia em que se falava dos temidos buracos negros, que podem “engolir tudo que está nas suas proximidades.

Numa cidade pacata do interior como Brederópolis, falar de buracos negros não é um tema comum, mas a presença da escola técnica com professor e alunos se espalhando por diversos locais, era comum que a discussão de tais temas checassem às pessoas comuns.

Até mesmo o Epaminondas, um pacato barbeiro sabia o que era um buraco negro, graças às conversas com seus clientes. É claro que isso também incluiu nos seus medos quando ouviu sobre os novos experimentos do professor Ventura. Só de pensar em escuro, cair num buraco e ele ser um buraco negro o Barbeiro começava a suar.

Mas o problema estava ainda na cabeça de Beto e Cleto.

- E essa agora? Como vamos calcular a energia do escuro. O escuro, se for vácuo não tem forma alguma de energia disponível e não tem como absorvê-la. - Comentava Beto.

- E se não for o vácuo, podemos calcular a energia térmica armazenada no ar, por exemplo, mas aí é energia térmica? O que estaria pensando o professor em termos de energia a ser convertida?

Mas, o problema do Epaminondas era maior. Não conseguiu fechar a barbearia cedo e quando o último cliente saiu já estava escuro. O músico ficou apavorado. Caminhando apressadamente, segurando firmemente sua tuba, ele olhava constantemente para todos os lados. Um buraco negro poderia aparecer, um fantasma vestido de preto querendo extrair energia de sua tuba. Coisas estranhas passavam pela sua cabeça.

Foi então que Epaminondas tropeçou numa pedra. Segurando a tuba, não conseguiu evitar que a cabeça batesse no chão com certa força, fazendo um enorme galo. Nada muito grave, pensou. Levantou-se e meio tonto, seguiu seu caminho apressadamente. Mas, pancadas na cabeça são muito perigosas. É preciso ter cuidado.

Em casa, o músico lavou o rosto, contando para sua esposa o que havia ocorrido. Ela recomendou que ele descansasse um pouco antes de jantar.

Foi então que ocorreu algo estranho.

Tão logo Epaminondas se deitou, ele sentiu uma sensação estranha. Escureceu sua visão e ele se sentiu absorvido por um torvelinho escuro, um buraco negro fez com que ele se agitasse.

Mas, à medida que caia no torvelinho viu uma luz estranha e começou a ouvir música. Era um solo maravilhoso de tuba, como ele nunca tinha ouvido. A música foi se tornando mais e mais forte e ele pode ouvir claramente alguém tocando tuba. Um vulto escuro que parecia vestir uma roupa antiga.

Mas, isso não durou muito. O vulto desapareceu e a música foi se tornando cada vez mais fraca. Epaminondas acordou com dona Pafúncia passando um lenço molhado na sua testa, bastante preocupada.

- O que houve?

- Você estava muito agitado. Falando coisas estranhas de buracos negros, tuba, música maravilhosa. Já ia chamar o médico.

- Estou bem. Tive um sonho estranho. Acho que por causa da batida na cabeça. Mas, já estou melhor.

Dona Pafúncia menos preocupada apenas recomendou que se ele sentisse algo anormal que deveriam procurar um médico.

- Fique tranquila.

No dia seguinte, não sentindo mais nada, além de uma pequena dor no “galo”, Epaminondas foi à barbearia.

E, pela manhã, como costumava fazer. Ensaiava pelo menos meia hora com sua tuba, antes de abrir a barbearia. Os vizinhos já estavam acostumados com os acordes repetitivos do músico que normalmente, não além disso. Mas, desta vez, foi diferente.

Epaminondas empunhou sua tuba e sem perceber tocou algo que, em condições normais não seria normal.

Um solo completo das Czardas de Moni encheu o ambiente e se propagou pelas vizinhanças da barbearia.

As pessoas começaram a sair nas janelas para ouvir algo que nunca tinham ouvido e muitas foram até a porta da barbearia que ainda estava fechada, para ouvir o maravilhoso solo.

Epaminondas, quando terminou, não apenas se surpreendeu com o que tinha tocado, como também com os aplausos que vieram da rua. Levantou a porta de correr e, assustado viu a multidão que o aplaudia.

O que tinha acontecido?

Nos dias seguintes, nos ensaios, novas surpresas. Epaminondas novamente tocou peças completas que exigiam enorme habilidade. No entanto, isso não durou muito, à medida que o calo do Epaminondas ia diminuindo, parece que suas habilidades também estavam voltando ao normal. Os ensaios monótonos com poucos acordes voltaram em poucos em dias.

As pessoas comentavam.

- De onde teria surgido essa habilidade momentânea do músico? Como a pancada teria influenciado? O que o buraco negro que ele diz ter sonhado tem a ver com isso.

O professor Ventura tinha uma teoria que poderia explicar o ocorrido.

- Física quântica e paranormalidade!

- ?

- Explico melhor. Existem alguns fenômenos que não são explicados pela ciência convencional. Por exemplo, o fato de que certas pessoas nascem com habilidades inexplicáveis, do tipo que exige muitos anos de desenvolvimento e estudo em pessoas normais, e algumas nem sequer alcançam.

Beto logo percebeu:

- Os pequenos gênios, que praticamente já nascem sabendo, principalmente dotes musicais como violinistas, pianistas, matemáticos e outros que já apresentam pleno desenvolvimento de habilidades com 3 anos de idade ou menos. Tenho acompanhado alguns em canais do Youtube.

- Sim, isso mesmo. - Completou o Professor. - Muitos dizem que são habilidade hereditárias, mas em muitos casos, são filhos de pessoas que não apresentam as mesmas habilidades e ninguém da família também.

Cleto estava curioso.

- E então, de onde vem tudo isso.

O professor olhou firme para os dois e explicou sua teoria.

- Recentemente uma pesquisa feita no MIT, se não me engano, mostrou que os cérebros das pessoas podem ser interconectar através do que se denomina de conexões quânticas. Isso explicaria a possibilidade de, num grupo, uma pessoa passar informações ou conhecimentos para outra. É uma espécie de sintonia comum, que faz com que um grupo de pessoas funcione como se tivesse um único cérebro ou região do cérebro de compartilhamento.

- Puxa!

- Pois bem, isso explicaria o porquê de numa reunião alguém fazer uma observação que as outras pessoas já estariam com ela na cabeça. Não seria um "banco de dados comum"?

O professor estava chegando aonde queria.

- Pois então, poderia haver uma espécie de "banco de dados universal" ou ainda de habilidades que poderiam ser acessadas por conexões quânticas. É claro é uma suposição, pois sabemos muito pouco.

Beto logo concluiu.

- Então, alguém poderia nascer com a habilidade de fazer conexões com essa "inteligência universal" e puxar dados ou habilidades que lá foram deixados por alguém que já viveu. Por exemplo, um Mozart, Vivaldi, Chopin...

- Einstein, Newton, Da Vinci...

Estavam todos excitados.

- Sim, isso explicaria os pequenos gênios que praticamente já nascem sabendo. Mas, é uma teoria.

- Que pode ser explicada. - Concluiu o Prof. Ventura. - Temos muito a aprender ainda e a física quântica está nos levando a conhecimentos que até então nem tínhamos ideia de que pudessem ser alcançados. Coisas que a lógica nos nega, repentinamente são explicadas e eventualmente poderão ser exploradas no futuro.

- A física quântica não segue a lógica!

- Segue sim! - concluiu o Prof. Ventura, mas não a nossa lógica.

A conversa parou por aí.

Mas, voltemos a aposta e ao experimento.

No dia combinado, em que o Professor explicaria como funcionaria a obtenção de energia elétrica a partir do escuro, Beto e Cleto foram ao laboratório. Como a aposta tinha se espalhado de tal maneira que todos queriam saber o desfecho, resolveram fazer uma live.

No laboratório colocaram então uma câmera apontando para uma bancada, conectando-a a internet e divulgando o link para os que desejassem assistir. Teria uma boa plateia.

Beto e Cleto, como a maioria das pessoas, esperavam uma verdadeira parafernália de equipamentos na bancada, se surpreendendo com o pouco que havia.

Uma pequena luminária de LEDs, um painel solar, uma caixa de isopor, um multímetro e um pano preto. Qual seria a ideia do professor? Ele sempre se mostrou convincente nas apostas anteriores.

No horário indicado, Beto com sua facilidade de se comunicar, abriu a live e fez uma breve descrição da aposta. Agora todos veriam as explicações do professor e seriam os juízes, determinando se elas foram convincentes ou não.

Seria mesmo possível obter energia do escuro?

O professor Ventura começou com uma explicação bastante didática do que pretendia fazer.

- Todos vocês conhecem as células solares ou painéis solares. São dispositivos que hoje estão sendo bastante usados e que convertem a luz solar ou qualquer tipo de luz em energia elétrica.

O professor fez uma pausa para mostrar uma célula solar em sua mão, do tipo que pode ser comprado com facilidade pela internet e que tem um bom rendimento para a realização de muitos experimentos interessantes. Ele continuou.

- O conceito básico em que se baseia uma célula deste tipo é que ela pode converter a luz em energia elétrica, por exemplo a luz do sol. Na verdade, não é apenas a luz do sol que pode ser convertida em energia elétrica por uma célula deste tipo, usada nos painéis que são colocados nos telhados das casas ou em outros lugares.

O professor parou de falar e, ligando sua célula solar a um multímetro acendeu a pequena luminária. A agulha do multímetro analógico imediatamente saltou, indicando a produção de energia, manifestada por uma tensão.

Ele continuou.

- Se analisarmos as formas que radiação que preenchem o nosso ambiente, vemos que não temos apenas luz visível chegando do sol, mas existem outras formas de radiação.

Olhando fixamente para Beto e Cleto, ele percebeu que poderia continuar com suas explicações sem problemas.

- A radiação que chega do Sol até nós não é formada apenas por luz visível, mas tem componentes como o infravermelho e o ultravioleta. O ultravioleta não é tão importante no nosso caso, pois a maior parte é bloqueada pela camada de ozônio, ou pelo menos deveria. Mas, a luz visível e o infravermelho servem para aquecer as coisas. Assim, dizemos com propriedade que o Sol nos envia luz e calor.

Beto e Cleto não estavam muito certos sobre para onde o professor queria ir.

- Vemos então que os objetos que nos cercam depois de um dia quente estão aquecidos. Ao anoitecer, quando não mais temos a iluminação do som, esses objetos quentes passam a eliminar o calor e fazem isso através da emissão de radiação infravermelho. Objetos aquecidos emitem infravermelho. Se a temperatura for muito alta, o espectro de emissão desses objetos pode chegar a frequências mais altas e eles começam a brilhar, inicialmente com luz avermelhada, depois alaranjada, amarela, branca e depois azulada quando a temperatura é muito alta.

O professor fez uma pausa para beber água.

- Pois bem, qualquer corpo que esteja acima do zero absoluto emite radiação infravermelha. Podemos perceber isso quando aproximamos a mão de um ferro de passar roupas, um ferro de soldar ou de um forno e percebemos o calor na mão.

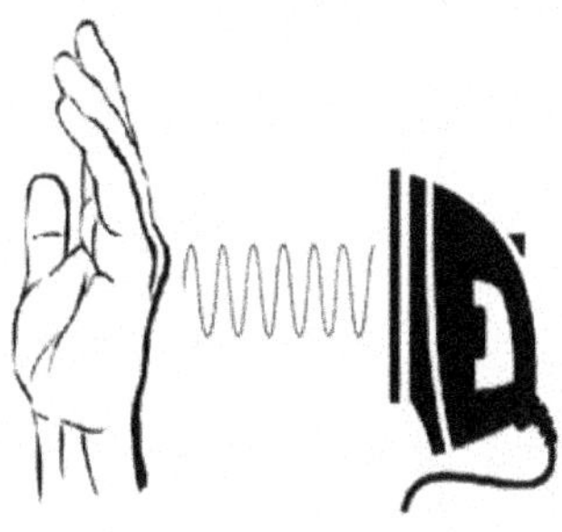

- Mas, o que nos importa é que as células fotoelétricas ou painéis solares também convertem a radiação infravermelha em eletricidade. Sua sensibilidade é menor conforme podemos ver.

O professor compartilhou então a imagem da curva de resposta de uma fotocélula de silício

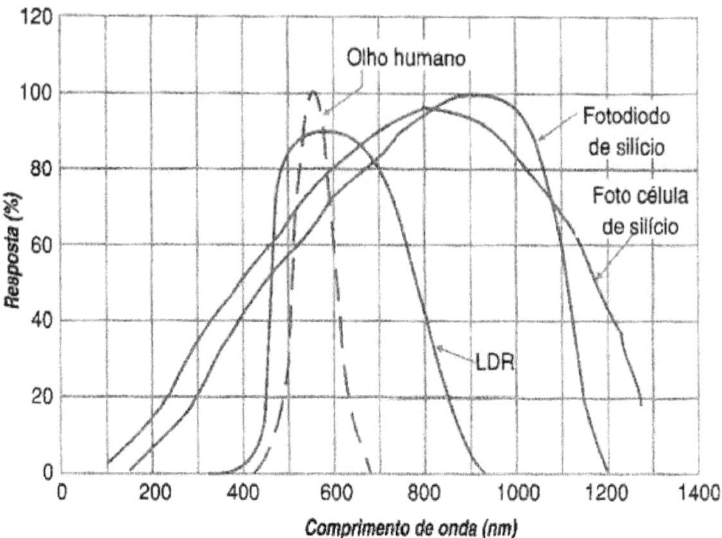

- Conforme vocês podem ver, uma fotocélula ou um painel solar respondem à radiação infravermelha, convertendo essa forma de energia em eletricidade.

Beto e Cleto deram um salto!

- Caramba! Começo a perceber!

O Professor ventura sorriu, percebendo que para seus alunos “estava caindo a ficha”.

- Assim, durante o dia, a fotocélula recebe a luz do sol e fornece energia, passando assim, ao mesmo tempo, calor para o local em que ela se encontra que então se aquece. Quando vier a noite, estando tudo escuro, o ambiente em que a célula está a célula começa a irradiar o calor armazenado e assim energia é gerada.

O professor olhou firme para a câmera:

- Então temos a produção de energia elétrica a partir de uma energia armazenada no escuro... Já se trabalham em diversos países, como na Índia em projetos que permitem gerar energia tanto durante o dia, como durante a noite quando está tudo escuro.

Beto e Cleto perceberam então a "pegada" do professor.

- Então é isso. Na verdade, não é a energia armazenada no escuro em si, mas sim energia térmica armazenada nos corpos que então a irradiam na forma de infravermelho. A célula converte então essa energia em eletricidade. Nos pegou direitinho.

O professor Ventura terminou então suas explicações, mostrando que, na verdade a energia está disponível em muitas fontes e que tudo depende de nossa imaginação e criatividade para descobrir como aproveitá-la.

- E o escuro é uma delas. Fico imaginando quanta energia a terra manda de volta para o espaço durante à noite na forma de infravermelho, depois de um dia ensolarado. - Raciocinou Beto.

O professor Ventura já com o sua live encerrada respondeu.

- Realmente, considerando que no dia seguinte, a terra volta à sua temperatura normal, para um novo ciclo de aquecimento. Toda a energia recebida durante o dia e não usada, isto é não absorvida pelas plantas e empregada pelo homem ou armazenada, volta para o espaço na forma de infravermelho. Poderíamos aproveitar um pouco mais dessa energia, convertendo-a em eletricidade. Uma boa fonte a ser analisada.

- Fotocélulas ou painéis fotovoltaicos invertidos. Aproveitamos a luz durante o dia e a escuridão (isto é, o infravermelho) durante a noite.

Não vamos entrar em detalhes sobre o modo como os que estavam curiosos em saber como o professor Ventura aproveitaria a energia armazenada na escuridão, pois as discussões se prolongaram por dias, principalmente entre as pessoas que não conheciam muito de física. Mas, o fato é que Beto e Cleto reconheceram que ele ganhou a aposta e, mais uma vez tiveram de pagar um belo sorvete.

A Sorveteria ficava fora da cidade. Na ligação com a rodovia que passava a alguns quilômetros havia uma velha fazenda que foi convertida num restaurante e sorveteria, atraindo não só os moradores locais, como também, as pessoas que passavam pela rodovia atraídas pela enorme placa que anunciava suas delícias.

Era realmente um ambiente de fazenda, onda as pessoas podiam ter a presença dos animais passeando livremente como, patos num lago, algumas ovelhas e certamente, galinhas.

Conversando sobre as últimas aventuras que tiveram, quando o Professor como era possível armazenar energia num buraco, num picolé ou ainda no escuro, Beto e Cleto observaram que o velho mestre olhava com especial atenção uma galinha que passava com sua ninhada de pequenos pintinhos.

- Não há limite para a imaginação e precisamos fazer uso dela para obter energia de todas as maneiras possíveis. O mundo está cada vez mais carente de fontes de energia limpa, mas acho que o desafio pode ir além. - comentou o Professor

Beto que estava observando atentamente o professor não deixou escapar isso.

- Sim, até mesmo de uma galinha com seus pintinhos, diria eu.

Cleto riu, mas logo percebeu que, para o professor a coisa era séria. Mais séria do que ele podia imaginar. Um novo desafio havia sido lançado. O professor não deixou por menos.

- Uma galinha com seus pintinhos não, mas uma galinha choca sim.

- ?

O professor então explicou.

- Que tal você não aceitarem mais este desafio? Tirar energia elétrica de uma galinha choca. Mesmo que seja só para acender um LED.

Beto e Cleto não estavam acreditando. Mais um dos desafios malucos do professor Ventura. "Tirar energia de uma galinha choca!"

O professor olhou sério para os dois.

- Fechado? Mas, não deixem a ideia se espalhar. Vocês sabem muito bem que pode acontecer se a cidade ficar sabendo que estamos tentando tirar energia de uma galinha choca.

Códigos BNCC associados à estória:

Fundamental: EF69CI08, EF69CI09, EF69MA08 e EF69MA09

Médio: EM13CNT103, EM13MAT103 e EM13CHS103

Veja projetos e links associados no final do livro.

Tirando Energia de uma Galinha Choca

Depois de armazenar energia num buraco, picolé e no escuro o Professor Ventura não poderia ficar sem mais uma de suas brilhantes (ou malucas) ideias envolvendo o armazenamento de energia. Novamente, a conversa surgiu numa sorveteria que, num dia de calor ele e seus amigos Beto e Cleto se refrescavam.

Começamos justamente onde parou a aventura anterior. O professor Ventura, Beto e Cleto tomam sorvete, pago pelos dois alunos, em consequência da perda da aposta que haviam feito.

A Sorveteria ficava fora da cidade. Na ligação com a rodovia que passava a alguns quilômetros havia uma velha fazenda que foi convertida num restaurante, loja e sorveteria, atraindo não só os moradores locais, como também, as pessoas que passavam pela rodovia atraídas pela enorme placa que anunciava suas delícias.

Era realmente um ambiente de fazenda, onda as pessoas podiam ter a presença dos animais passeando livremente como, patos num lago, algumas ovelhas e certamente, galinhas.

Conversando sobre as últimas aventuras que tiveram, quando o Professor como era possível armazenar energia num buraco ou ainda num picolé, Beto e Cleto observaram que o velho mestre observava com especial atenção uma galinha que passava com sua ninhada de pequenos pintinhos.

- Não há limite para a imaginação e precisamos fazer uso dela para obter energia de todas as maneiras possíveis. Já demonstrei isso, mas acho que o desafio pode ir além. - comentou o Professor

Beto que estava observando atentamente o professor não deixou escapar isso.

- Sim, até mesmo de uma galinha com seus pintinhos, diria eu.

Cleto riu, mas logo percebeu que, para o professor a coisa era séria. Mais séria do que ele podia imaginar. Um novo desafio havia sido lançado. O professor não deixou por menos.

- Uma galinha com seus pintinhos não, mas uma galinha choca sim.

- ?

O professor então explicou.

- Que tal você não aceitarem mais este desafio? Tirar energia elétrica de uma galinha choca. Mesmo que seja só para acender um LED.

Beto e Cleto não estavam acreditando. Mais um dos desafios malucos do professor Ventura. “Tirar energia de uma galinha choca!”

O professor olhou sério para os dois.

- Fechado? Mas, não deixem a ideia se espalhar. Vocês sabem muito bem que pode acontecer se a cidade ficar sabendo que estamos tentando tirar energia de uma galinha choca.

Beto e Cleto riram, mas logo pararam, lembrando os problemas dos desafios anteriores quando acharam que iam esburacar a cidade e ou cobri-la de gelo. E é lógico, a vítima das ideias do professor, o pobre Epaminondas.

- Não vamos divulgar. Os granjeiros da cidade podem ficar apavorados, achando que vamos sequestrar suas galinhas.

Beto riu.

- E o Epaminondas vai achar que vamos usar sua tuba para colocar nela ninhos de galinhas

Mas, o desafio estava lançado.

No dia seguinte encontramos Beto e leto reunidos para discutir como o Professor Ventura poderia tirar energia de uma galinha choca para acender um LED.

- Vamos analisar a situação da seguinte maneira. - Começou Beto. - Uma galinha choca tem a temperatura do corpo acima do normal, para aquecer os ovos no ninho.

- É uma galinha com febre...

- Sim, isso mesmo. Vamos procurar na Internet qual é a temperatura de uma galinha choca, para ver como isso pode ser aproveitado para se gerar energia a partir de um gerador termoelétrico, por exemplo.

Abrindo seu celular, Beto abriu e Google e digitou “temperatura de uma galinha choca”.

O resultado veio imediatamente: entre 37 e 38 graus Celsius.

- Puxa! Já estava pensando que deveria ir diretamente a uma senhora galinha choca e medir a temperatura.

Mas, o problema era técnico. Como obter energia elétrica a partir de uma alta temperatura de um corpo. Cleto lembrou-se de uma notícia da internet em que se anunciava que “pesquisadores chineses haviam inventado um dispositivo para gerar energia elétrica a partir do corpo” (09/05/2021). Beto comentou esse tipo de notícia.

- Hoje, vemos muito na internet notícias de canais que são feitos por pessoas que não tem uma formação técnica ou científica que seria desejada para se tratar de uma maneira mais séria esse tipo de assunto. São pessoas mais ligadas ao jornalismo que procuram a notícia e às vezes as repassam sem uma análise mais profunda ou ainda uma abordagem que seria necessária ao bom entendimento do fato.

- É verdade! - Comentou Cleto. Beto continuou.

- É comum confundirem as coisas, principalmente quando se trata da palavra “energia” nem sempre usada de forma apropriada, e ainda a confusão de fatos, dando como “invenção”, algo que já existe muito tempo.

Beto prosseguiu:

- Esse é o caso. Os dispositivos que convertem calor em eletricidade são conhecidos de há muito. Espere, é aí que entra a nossa galinha choca.

Cleto estalou os dedos:

- Dispositivos de efeito Peltier. A termoeletricidade.

Beto explicou com detalhes.

- Sim, e aí nova confusão! Em 1834, Jean Charles Althanase Peltier descobriu que uma corrente passando pela junção semicondutora fazia com que uma das faces esfriasse e a outra ficasse quente. O calor era transferido da mais fria para a mais quente. O efeito foi denominado “Peltier” em sua homenagem.

Cleto não se convenceu.

- Sim, mas onde está a confusão.

Beto explicou:

- O efeito contrário também existe. Havia sido descoberto antes pelo físico Thomas Johan Seebeck: se houver uma diferença de temperatura entre duas faces de materiais que formem uma junção semicondutora, entre elas aparece uma tensão.

- Ah! Então podemos usar o efeito Seeback a partir de um dispositivo Peltier! Mas, os diabos, como você sabe tudo isso?

Beto riu.

- Andei pesquisando ontem.

Mas, e a galinha?

- As pastilhas ou dispositivos de efeito Peltier são comuns atualmente. Elas são usadas em mini geladeiras, bebedouros de água e outros dispositivos que devem retirar calor de alguma coisa para jogá-lo ao ar ambiente. Podemos comprá-las por pouco dinheiro na internet.

Cleto ainda não havia entendido.

- Vamos então refrigerar uma galinha choca fazendo-a deitar-se numa pastilha Peltier...

Não era bem isso. Beto continuou com suas explicações.

- O que talvez muitos não saibam é que as pastilhas Peltier também podem funcionar "ao contrário", como dispositivos Seebeck, gerando eletricidade a partir do calor.

- Ou mesmo do frio, como o Professor Ventura provou ao tirar energia elétrica do gelo...

Cleto lembrava-se de recente aventura que tiveram, quando o professor Ventura provou que era possível tirar energia elétrica de um picolé.

- ... Uma galinha choca chupando picolé deitada sobre uma pastilha Peltier! Tudo isso para gerar energia. Ora essa!

Beto riu.

- Precisamos fazer um teste!

Tudo bem!

Mas, não estava tudo bem. Como sempre ocorre numa cidade pequena, as notícias vazam com extrema facilidade e não seria dessa vez que o Prof. Ventura, Beto e Cleto escapariam.

Naquela tarde em que os três tomavam despreocupadamente os seus sorvetes, não perceberam que o Jonas, proprietário da sorveteria, sabendo que poderia ter novidades para espalhar entre seus clientes, o que gostava de fazer, ficou na mesa atrás deles de ouvidos bem abertos.

De fato, na cidade todos sabiam que quando os três se reuniam, novidades estavam no ar. E estavam.

- Caramba! Tirar energia de uma galinha choca. Preciso esconder a naftalina (Nome que também é da galinha do Eltron.)

De olhos arregalados, Jonas não sabia se corria para esconder a sua galinha com a ninhada ou se espalhava a novidade pela cidade. Escolheu a segunda opção, pois logo raciocinou que, se a galinha estava com a ninhada, não estava mais choca...

E a notícia se espalhou.

- Tirar energia de uma galinha! Só faltava essa. Os granjeiros vão logo ver mais uma forma de ganhar dinheiro. Já não basta o preço dos ovos nas nuvens. - Comentava alguém

- Disseram algo sobre a galinha tomar sorvete.

- Vai complicar! Ter de trocar o milho e a ração nas granjas por sorvete. Não vai pegar.

Os dois que conversavam riram.

No entanto, a notícia dos novos experimentos do professor ventura também havia chegado a alguém que, por ser sempre vítima desses experimentos, vivia preocupado. O Epaminondas.

- Caramba! Tirar energia elétrica de uma galinha choca. Transformar uma granja numa usina! Fico preocupado só em pensar. - Comentava Epaminondas com um cliente, que o acalmou.

- Não há com que se preocupar. Não vejo onde esses experimentos o podem afetar.

Mas, Epaminondas não pensava assim. Justamente quando não se pensava em qualquer relação entre os experimentos do professor Ventura e Epaminondas com sua tuba não existia, algo acontecia e juntava os três!

E com consequências catastróficas!

Despreocupado, procurando esquecer o fato, Epaminondas fechou a barbearia no final da tarde e foi para casa, carregando sua tuba, pois sempre a levava para ensaiar entre dois clientes, assobiando alegremente seventy-six trombones ([1]), música que ele adorava, por falar justamente de seu instrumento, a tuba.

Tudo ia bem até que algo o assustou. Passando diante de um terreno baldio, uma galinha com sua

1Musical americano chamado Music Man (1957), de Meredith Wilson em que na letra em inglês se fala de diversos instrumentos de uma banda, incluindo o Eufônio, o antigo nome da tuba. (https://www.youtube.com/watch?v=eBQWsBiM5YY)

ninhada atravessou correndo na sua frente e parou por um instante. Parecia olhar fixamente para a tuba do Epaminondas. Depois seguiu em frente, desaparecendo entre os arbustos do lado oposto da rua.

O músico tomou aquilo como um presságio. Um mau presságio!

Em casa, não parou de pensar no episódio. Tuba, galinhas chocas, energia elétrica e o Prof. Ventura. Brrr...

No dia seguinte, discutindo o assunto mais uma vez, preparando a demonstração que provaria que é possível tirar energia de uma galinha choca...

- E qualquer coisa viva que seja quente! - comentou Beto.

Cleto, começou a rir... O professor e Beto não entendiam o motivo. O gorducho explicou:

- Já repararam como o Epaminondas faz força para tocar a tuba. Depois das apresentações da banda ele sai todo suado. Deve dispender uma enorme quantidade de calorias... Fico pensando se todas essas calorias fossem convertidas em energia elétrica.

O professor gostou da observação.

- Realmente! O Epaminondas seria bem melhor do que uma galinha choca...

Beto, rindo completou.

- Quero ver como vai convencer o músico a sentar num ninho cheio de ovos e tocar sua tuba...

Cleto, com mais humor foi além.

- Também precisaríamos medir sua temperatura para calcular a energia convertida. Tocando a tuba não seria possível enfiar o termômetro na boca e então o único lugar que sobra...

Imediatamente Beto e o Professor Ventura olharam agressivamente Cleto.

- É debaixo do braço...

- Ufa! Por pouco pensamos que você iria falar uma besteira.

Cleto completou.

- Mesmo porque gostaria de ver quem teria coragem de enfiar o termômetro no Epaminondas, no local em que vocês pensaram....

Todos riram.

- Mar certamente, colocando pastilhas Peltier na cadeira em que ele se senta para tocar, acho que poderíamos gerar energia para todos os amplificadores e equipamentos da banda... Certamente é por baixo que ele dissipa a maior parte do calor gerado.

Mais uma vez, todos riram.

Mas, o professor Ventura parou repentinamente de rir.

- Êpa! - disse Beto - Não me diga que está pensando em...

O professor não deixou Beto completar.

- Sim, isso mesmo, mas eu conto os detalhes depois do experimento. (ficará para outra estória)

O dia da comprovação tinha chegado.

Na mesa do laboratório uma pastilha Peltier, um recipiente com pedras de gelo, um dissipador de calor e uma vasilha em forma de ninho com algodão e algumas penas. Mas, o que chamava a atenção era uma galinha numa gaiola, num canto do laboratório.

O professor explicou então.

- Já falei em aula sobre o efeito Peltier. Quando uma junção semicondutora é percorrida por uma corrente, ocorre uma movimentação de calor. Calor é retirado de uma junção e transportado para outra.

Beto completou:

- Sim, dessa forma, uma das faces do material que corresponde a uma das junções esfria e a outra esquenta.

As explicações do professor seguiram:

- Esse recurso é usado em pequenas geladeiras, adegas e recipientes térmicos para armazenar medicamentos. Mas, o mais importante é que o efeito inverso também existe;

- Inverso? - interrogou Cleto.

- Sim, o Efeito Seebeck.

- ?

- Seebeck descobriu que se uma das junções for esfriada ou aquecida, ocorre um fluxo de calor. Do lado mais quente para o mais frio e uma tensão se torna disponível. O fluxo de calor se torna energia elétrica. Basta que haja um gradiente de temperatura, ou seja, uma diferença de temperatura para que o calor flua e com isso energia elétrica possa ser obtida.

Cleto percebeu bem como funcionaria o experimento do Professor.

- Basta então colocar algo quente numa face de um dispositivo Peltier e o fluxo de calor fará com que ele produza energia.

O professor fez um aparte:

- Sim, um dispositivo Peltier funcionando como um dispositivo Seebeck. Convertendo o fluxo de calor em energia elétrica.

- Já pegamos. Uma galinha choca é uma fonte de calor e o fluxo de calor pode se converter em energia elétrica.

- Basta colocá-la sobre a pastilha. Mas, como obter energia suficiente?

O professor tinha a resposta.

- Boa pergunta! Esfriando o outro lado da pastilha. Daí o dissipador de calor e o gelo.

- Pobre da galinha! Vai extrair todo calor dela!

O professor olhou sério.

- Não é bem assim, mas com um bom gradiente de temperatura obtemos uma boa tensão.

- Suficiente para iluminar o galinheiro. - comentou Cleto.

- Não chega a tanto. - explicou o Professor Ventura. - Os dispositivos de efeito Peltier, assim como a maioria dos dispositivos que trabalham com calor têm um rendimento muito baixo. É o chamado Ciclo de Carnot que diz que numa transformação térmica nunca podemos obter 100% de rendimento.

- E as pastilhas Peltier não fogem a regra. - Completou Beto.

- Mas, podemos ter energia suficiente para acionar um circuito eletrônico, um buzzer ou um multímetro para mostrar como funciona o processo. Esse é o experimento.

- Perfeito! Já entendemos.

O professor Ventura, como sempre em qualquer conversa, não perdia a oportunidade de avançar com o tema, procurando passar informações, ensinamentos e coisas novas, que na maioria das vezes eram fantásticas novidades da tecnologia. Desta vez o tema estava centrado nas galinhas.

De fato, nos últimos tempos a eletrônica tem estado presente em todas as partes e mais do que nunca, de forma que até se torna preocupante, nos seres vivos.

- Vocês sabem que as criaturas vivas são criaturas eletroquímicas. Nosso corpo é feito de substâncias que, no estado líquido ou com a presença de líquidos que as torne condutores, tem uma sensibilidade extrema para sinais elétricos e, mais do isso, os geram.

Beto, justamente tinha lido coisas preocupantes que estava saindo na mídia.

- Acho que estamos passando por uma transição em que não apenas os sinais gerados pelos seres vivos e os sinais para os quais eles são sensíveis estão se tornando importantes. A física quântica com o entrelaçamento de elétrons tem mostrados alguns fenômenos que podem ser aproveitados na interação de organismos vivos com o mundo exterior.

- Mais do que isso! - completou Cleto. - Entre os próprios organismos vivos revelando coisas que nem sequer suspeitávamos.

O professor Ventura sorriu.

- Sim, já falei anteriormente que existem fenômenos inexplicáveis de interação dos organismos vivos que não podem ser explicados por fenômenos elétricos ou eletroquímicos comuns.

Cleto, atento, se lembrou.

- Sim, me lembro daquela notícia que comentamos em que cientistas revelaram que estruturas das nossas sinapses não explicada até então, poderiam estar sendo usadas em comunicações quânticas. Isso explicaria fenômenos como a percepção extrassensorial, a clarividência e até a comunicação mente a mente.

- Telepatia quântica! - completou Beto.

O professor lembrou então um artigo publicado que falava da possível ideia de que uma florestas poderia ter todos os seus componentes se comunicando desta forma. As plantas poderiam até alertar uma as outras sobre possíveis ataques e acionar meios de defesa conjuntos que não conhecemos.

Mas havia algo mais. Beto lembrou.

- Viram a notícia desta semana. Os chineses teriam conseguido pela primeira vez uma comunicação cérebro a cérebro usando tecnologia quântica.

O professor fez um gesto para acalmar Beto.

- É claro que está tudo muito no começo e não temos certeza sobre a exatidão da notícia, se bem que os princípios comentados não tenham nada que contrarie a ciência. Na verdade, isso serve de um alerta. Muita coisa que antes não dávamos a devida atenção ou que considerávamos fora da ciência como para-ciências, no caso, fenômenos paranormais, começam, não apenas a ser explicados, mas também controlados e usados.

Cleto sorriu.

- Se falássemos a um cientista do final do século XIX de caixinhas que poderiam ser comunicar através do espaço e gravar a nossa voz, chamaria isso de feitiçaria e jamais aceitaria.

- Hoje temos o celular. - Completou Beto. - No passado não seria ciência, mas sim magia.

- Mas, onde entram as galinhas em tudo isso? - Cleto riu ao fazer essa pergunta.

O professor Ventura como que acordou.

- Realmente, nosso tema principal está nas galinhas. Como essas criaturas se interam com nosso mundo como poderia isso ser aproveitado pela tecnologia?

Beto tinha algumas ideias sobre o assunto.

- Galinhas, como todos os seres vivos são sofisticadas estruturas dotadas de um sistema nervoso que as dota de um grau elevado de interação com ambiente e permite que elas tomem decisões e até se comuniquem com outras galinhas.

- Ou com seres de outras espécies. Quem saber!

O professor Ventura riu do comentário do Beto. Ele continuou.

- Uma coisa importante que está ocorrendo em nossos tempos e o avanço das pesquisas que envolvem a interação de criaturas vivas com dispositivos criados pelo homem, principalmente os que usam a eletrônica. Por exemplo, uma pesquisa interessante mostrou que as galinhas parecem apreciar sons que tenham uma certa harmonia, exatamente como nosso fazemos com a música.

- Gosto pela música! -

- Sim, Cleto. Descobriam que a música clássica parece ter um efeito calmante sobre as galinhas que então botam mais ovos! Em alguns países, um alto-falante no viveiro das galinhas, toca música clássica o dia inteiro e parece que isso funciona.

- Gostaria de saber o que Mozart ou Beethoven pensariam disso.

Beto e o Professor riram do comentário de Cleto. Mas, parece que as mentes, quando se trata de algo maldoso entram em sincronismo e no caso não havia dúvidas. Foi o Cleto quem falou primeiro.

- Será que as galinhas apreciariam a música de tuba do Epaminondas?

É claro que algum tipo de experimento poderia estar na cabeça dos três, envolvendo o pobre Epaminondas, mas não precisou muito para isso ocorresse naturalmente. Dizem até que no nosso universo os acontecimentos seriam previamente programados, sabe-se lá por quem e isso justificaria muitas coincidências de fatos que ocorrem sem explicações. Dizem até alguns teóricos que nosso Universos seria produto de um grande experimento feitos por inteligências desconhecidas...

Mas, teorias à parte se unirmos os fatos, galinhas, conversão de energia, sons que influencia animais, Epaminondas e sua tuba, não podia deixar de acontecer, mesmo porque o autor é livre para criar isso.

E o que aconteceu?

Sabemos que todas as manhãs antes de abrir a barbearia, Epaminondas costuma ensaiar com seu instrumento, preparando-se para as apresentações que faz normalmente à noite, depois do final do expediente.

Naquela manhã, preocupado com as notícias que corriam pela cidade, indicando que o Professor Ventura estaria programado estranhos experimentos para tirar energia das galinhas, eventualmente usando sua tuba, abraço fortemente seu instrumento dirigindo-se à barbearia. Chegou sem problemas, apenas cruzando com uma outra galinha solda no caminho, das quais se desvio com preocupação. Na barbearia começou seu ensaio. Mas, estava preocupado.

Em Brederópolis, a cidade de nossos amigos, havia muitas granjas e o transporte de galináceos entre elas era comum. Ainda se usava engradados de madeira em que as aves eram colocadas e os engradados empilhados em caminhões abertos.

Passando diante da barbearia, um desses caminhões teve um forte solavanco ao encontrar um buraco, e diversos engradados caíram. É claro que, sendo de madeira frágil, partiram-se e as galinhas puderam escapar. O motorista não percebeu nada, continuando seu caminho.

Em pouco tempo, mais de 100 galinhas estavam espalhadas na rua, confusas, sem saber o que fazer o para onde ir. Cedo como era, ninguém na cidade percebeu, nem o Epaminondas que continuou a ensaiar.

Mas, aconteceu o inesperado. Que efeito pode ter som de tuba sobre o comportamento das galinhas? Ao que parece havia algo interessante a ser analisado. Ele as atraia.

Em pouco tempos, as dezenas de galinhas caídas do caminhão se reuniram na porta da barbearia.

Chegou a hora de abri-la e o susto do Epaminondas foi grande.

- Aahhh! Galinhas! Estão invadindo o planeta.... Não! Espere. Isso tem algo a ver com o professor Ventura.

E antes que pudesse fazer alguma coisa, as dezenas de galinhas invadiram a barbearia para surpresa do Epaminondas que, empunhando uma vassoura procurava espantá-las.

- Chôo! Chôoo!

Com muito esforço, as galinhas foram postas para fora, mas o barulho tinha atraído algumas pessoas que logo perceberam o que tinha ocorrido. Os pedaços dos engradados na rua revelaram o acidente.

Mas a dúvida persistia nos comentários das pessoas.

- Por que as galinhas entraram na barbearia?

Um engraçadinho, logo emendou:

- Ora, pelo mesmo motivo que cachorros entram nas igrejas. Porque encontram a porta aberta.

- Mas tem algo a ver com o experimentos do Professor Ventura?

- Sim, galinhas e energia!

- Tem a ver sim, acho que devemos pedir explicações.

- Sei não. Pode ter sido só um acidente.

- Muita coincidência.

As galinhas foram recolhidas e o fato principal é que o professor teve dificuldades em explicar que ele não tinha nada com o ocorrido. Mas, independentemente disso ele pensava na sua demonstração, para ganhar a aposta.

O professor Ventura preparou então a demonstração. Numa bancada apoiada sobre um dissipador de calor que foi retirado de um velho computador, uma pastilha Peltier ligada a um voltímetro.

E, sobre a pastilha Peltier um recipiente de alumínio, uma “marmita” dessas que podem ser encontradas em qualquer loja. Ela funcionaria como um captador de calor, e tinha o tamanho exato que permitia encaixar uma galinha. Galinha?

Indo então ao canto do laboratório, o Professor tirou de um engradado uma galinha. Pelo seu comportamento, parecia choca. Teria a temperatura ideal para o experimento.

A pastilha Peltier estaria ligado ao voltímetro, numa escala que permitia ler alguns volts de tensão contínua. O voltímetro indicava inicialmente zero, já que a temperatura do dissipador era a mesma da marmita em que iria ser apoiada a galinha.

O professor teve o cuidado de colocar na marmita um pouco de palha imitando o ninho da galinha.

Colocando-a então cuidadosamente sobre o "ninho" os três puderem ver após alguns segundos a agulha do multímetro analógico subir, indicando uma tensão que chegou a mais de 1,5 V.

- O equivalente a uma pilha! - exclamou entusiasmado Cleto.

O professor Ventura explicou então:

- A energia vem dos alimentos que a galinha ingeriu e que agora armazenada no seu organismo "queima" para produzir calor. O calor flui da galinha para o dissipador passando pelo dispositivo Peltier, ou melhor, Seebeck e com isso converte-o em energia elétrica.

O professor parou e levantando o dedo exclamou vitorioso.

- Energia armazenada numa galinha e aproveitada para alimentar um circuito eletrônico.

Cleto ficou entusiasmado.

- Vou vender carregadores de celular a partir da energia em galinhas. Junto com o kit vem uma galinha!

- Choca! - riu Beto.

A aposta tinha sido vencida pelo professor, que então aproveitou para complementar seus ensinamentos.

- Fica a lição! Onde houver a possibilidade de se armazenar energia pode-se criar um recurso tecnológico. Tudo depende da imaginação! Temos visto entre os jovens maker a enorme habilidade que eles têm de trabalhar com os recursos tecnológicos, mas, por outro lado, tenho observado uma enorme falta de imaginação e criatividade.

- Já tinha pensado nisso. Os projetos são sempre os mesmos! - Interferiu Beto.

O professor continuou.

- Sim, veja os microcontroladores. Têm uma infinidade de recursos que podem ser usados em praticamente tudo, mas o que vemos: uma enorme quantidade de robôs segue-a-linha, controle de reservatório, automatismos fotoelétricos e só. Falta imaginação.

O professor fez uma pausa.

- Tem tanta coisa a ser criada com a interação desses dispositivos, Arduino, ESP32 e outros, com o mundo, mas parece que as pessoas não percebem. Os criados estão sem criatividade e os fazedores só sabem fazer...

- Precisamos dar uma solução. - Cleto repentinamente percebeu o problema e se manifestou preocupado. O professor continuou.

- Tivemos nas últimas semanas aventuras interessantes que mostram coisas diferentes. Como o uso da imaginação e criatividade pode levar a coisas não imaginadas normalmente. Elas servem mostrar a necessidade de estimularmos no ensino de tecnologia, não apenas o criar e o fazer, mas o imaginar. Usar a imaginação com base no universo que nos cerca.

- O senhor já nos falou da Heurística. - Lembrou Beto.

- Muitos a considerar a ciência do pensamento criador e falta um pouco de seu conhecimento, principalmente nos jovens no sentido de se criar coisas que sejam realmente novas.

- Exercício de imaginação!

- Sim, Cleto. Exatamente isso. É preciso ensinar os jovens a exercitar sua imaginação, criatividade com desafios. É o que faço com meus alunos. - Explicou o Professor Ventura.

A apresentação do desafio pela live na Internet foi um sucesso e despertou, principalmente nos educadores que a assistiram o interesse de ir além no ensino de tecnologia. Associando os temas a outras matérias, com desafios e projetos práticos seria possível recuperar mais uma das habilidades que nós humanos temos e que estamos perdendo.

Depois de perder a coordenação motora fina pela falta de uso das mãos em trabalhos manuais , de perder a capacidade de adaptação para ver objetos distantes necessitando de óculos por ficar o tempo todo no computador e no celular, é hora de pensarmos na criatividade.

> Uma piada dos tempos antigos dizia que de tanto só usarmos os automóveis, a crianças depois de algumas gerações nasceriam com rodas em lugar de pernas. Hoje poderíamos dizer que daqui a algumas gerações as crianças só nasceriam com polegares para manusear seus celulares... Não teriam os demais dedos.

No dia seguinte, o Professor Ventura, Beto e Cleto foram vistos na sorveteria, desfrutando do resultado de mais esta aposta. Em dado momento o professor parou e começou a observar fixamente uma vaca que despreocupadamente pastava do outro lado da estrada. Cleto percebeu.

- Essa não! Lá vem bomba. Mais uma aposta!

Realmente, mas desta vez o professor os acalmou.

- Essa não. Sim, é possível. Mas deixo esta possibilidade para nossos leitores, assim como outras, como desafio. Desafio para sua criatividade, sua habilidade e sobretudo sua capacidade em usar fatos concretos da ciência para resolver os problemas.

Códigos BNCC associados à estória:

Fundamental EF69CI08, EF69CI09, EF69MA08 e EF69MA09

Médio: EM13CNT103, EM13MAT103 e EM13CHS103

Projetos

Fornecemos a seguir alguns projetos experimentais que podem ser aplicados de forma imediata em aulas ou para eventos, assim como sugestões de temas transversais para as aulas, onde eles podem ser aplicados.

Os projetos envolvem o uso de material de baixo custo, sempre com o tema "Energia" e no final, damos uma série de links e sugestões de consultas que podem ajudar no desenvolvimento de projetos, preparação de aulas e mais informações de utilidade para quem ensina e quem estuda.

Motor DC Como Dínamo

Pequenos motores de corrente contínua que usam dínamos permanentes podem ser utilizados como dínamos em experimentos que envolvam energia alternativa. Ligando a saída de um desses motores a um LED, por exemplo, é possível acender o LED simplesmente girando rapidamente o eixo com os dedos. A corrente máxima fornecida depende do motor, e a tensão não é estabilizada dependendo da velocidade com que o eixo gira. Para uma aplicação mais crítica deve ser usado um regulador de tensão. Nunca alimente diretamente aparelhos eletrônicos, sem um circuito de regulagem.

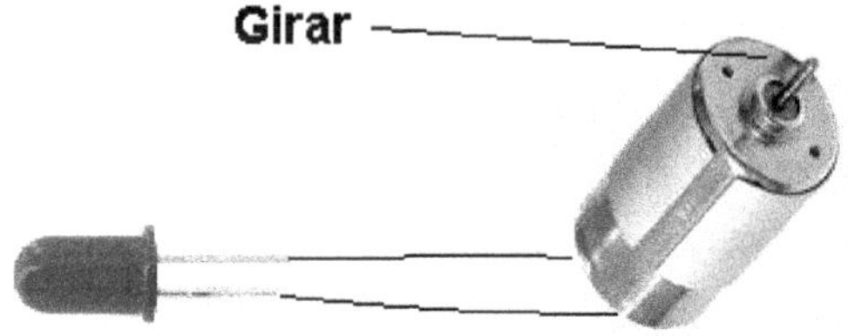

Nota: Se o motor estiver preparado para o trabalho de montagem, com dois fios rígidos soldados aos seus terminais, ele pode ser conectado ao LED numa matriz de contatos.

Temas transversais:

- Usinas de energia
- Energia elétrica
- Energia eólica
- Geradores
- Conversão de energia
- História da iluminação pública

Sugestão:

- Maquete com vários LEDs alimentados pelo motor (MIN275)

Desafio:

- O que você pode fazer a partir desse experimento

Relatório e questões

- Que tipo de energia estamos convertendo
- Como funciona um LED

Códigos BNCC associados à estória:

Fundamental: EF69CI08, EF69CI09, EF69MA08 e EF69MA09

Médio: EM13CNT103, EM13MAT103 e EM13CHS103

Energia do Gelo - Uma Prova de Fogo!

Desafio para os estudantes do nível médio, técnico e superior

Evidentemente, falar numa prova de fogo para estudantes do ensino médio ou superior, onde se pretende tirar energia do gelo, no mínimo é uma incoerência. Mas, é o que propomos com este desafio que os professores podem passar aos seus alunos (valendo nota) envolvendo tecnologia, cálculos de física e de eletrônica.

O que é o desafio

Já provamos em vídeos e artigos (veja links) que é possível gerar energia elétrica a partir do gelo, usando uma célula Peltier "ao contrário", isto é, aproveitando o efeito Seebeck.

Assim, o desafio proposto (que envolve cálculos) é fazer com que um motor funcione pelo maior tempo possível, alimentado por uma pedra de gelo padronizada (20g, por exemplo).

Duas notas serão dadas aos participantes:

- Uma referente ao relatório técnico em que o estudante deve mostrar na teoria quanto de energia pode ser obtida da pedra de gelo e por quanto tempo ela alimentaria seu motor. O relatório vale de 6 pontos.

- Os outros 4 pontos viriam da competição segundo o seguinte critério:

4 pontos para o vencedor (eventualmente 5 se ele não conseguiu 6 na parte de relatório e foi muito bem)

3,5 pontos para o segundo colocado

3 pontos para o terceiro

2,5 a 3 para os demais que conseguirem pelo menos 2 minutos

2 pontos para os que passarem de 1 minuto

1,5 pontos para os que conseguirem fazer o motor girar

1 ponto para os demais

É claro que modificações nesses critérios ficam a cargo do professor.

Os temas transversais

O desafio pode ser aplicado tendo em mente diversos temas transversais.

- Engenharia

Diversos são os campos da engenharia que poderiam ser envolvidos no trabalho como:

- Fontes alternativas de energia
- Gerenciamento de energia
- Otimização de consumo

Os cálculos para o relatório poderiam incluir:

- Determinação da quantidade de energia obtida.
- Rendimento de uma célula de Peltier (Seebeck)
- Aumento do rendimento com circuitos reguladores
- Armazenamento da energia em supercapacitores
- Considerações sobre recursos térmicos para se obter maior rendimento
- Circuitos e associações de pastilhas

Na prática, podem ser criados os recursos para se obter maior rendimento e maior autonomia como, por exemplo, circuito térmico, uso de dissipadores, uso de pastas térmicas, uso de reguladores de tensão ou corrente, etc.

- Ensino médio

Para o ensino médio além de podermos aplicar o desafio a física, acoplando à termologia (cálculo de calor latente, calor sensível e transformações de energia), podemos ir além analisando o Ciclo de Carnot das máquinas térmicas.

Podemos ir além analisando a utilização como fonte alternativa e o impacto ambiental. Cálculo interessante seria determinar quanto de energia podemos obter se usarmos todos o gelo que cobre a Groenlândia ou o Polo Sul para obter energia.

A prova: Tirar energia do gelo

É possível tirar energia do gelo? Esse é um desafio que o autor do projeto aceitou e até escreveu uma estória e fez um vídeo. Conforme os professores podem consultar e passar para seus alunos, onde houver um gradiente de temperatura pode-se converter energia térmica em eletricidade através de um dispositivo que vamos usar em nosso projeto.

O dispositivo é uma célula ou pastilha Peltier conforme mostrada na figura 5 mais a frente.

Essa pastilha é fabricada com um material semicondutor especial que, quando percorrida por uma corrente elétrica transporta o calor de uma face para outra. É o chamado efeito Peltier, em homenagem ao seu descobridor.

Em outras palavras, quando a ligamos numa fonte de energia, remove o calor um lado tirando, e o transfere para o outro lado. Assim, um lado esfria e o outro esquenta. Essa pastilha é usada em pequenas geladeiras, adegas, refrigeradores portáteis e para esfriar componentes eletrônicos nos circuitos.

Mas, há um fato interessante a ser considerado, descoberto por um pesquisador chamado Seebeck. (Figura 3)

Figura 3 - Thomas Seebeck (1770-1831)

O que Seebeck descobriu é que o efeito também funcionava ao contrário.

Se forçarmos o calor a fluir de uma face para outra através de uma junção semicondutora (pastilha Peltier), ela gera energia elétrica. Assim, conforme mostra a figura 4, se houver um gradiente de temperatura, temos energia elétrica.

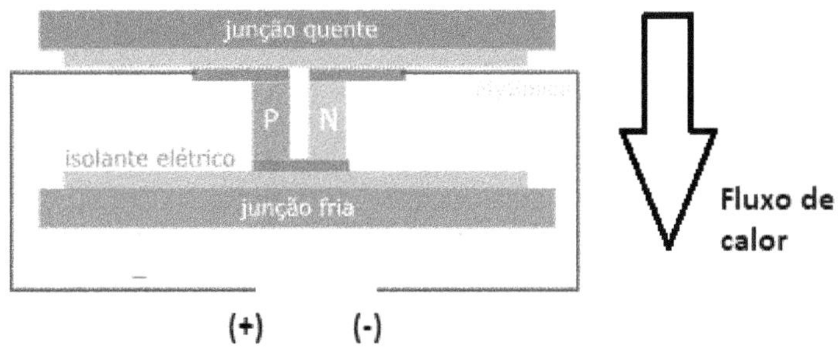

Figura 4 – Efeito Seebeck

Assim, logo de início pensamos que, se esquentarmos de um lado e o calor fluir para o outro temos energia, mas isso não é tudo e aí entra a imaginação de nosso projeto.

Tirando a energia do gelo

Se em lugar de esquentarmos lado, o esfriamos de modo que o calor do lado mais quente flua para ele teremos o que se chama de gradiente térmico. Desta forma a energia é gerada da mesma forma e aí entra oi gelo!

Colocando gelo de um lado, o calor logo começa a fluir do lado que está em contacto com o meio ambiente (mais quente), para derretê-lo e nesse processo temos energia elétrica. Do ponto de vista da física podemos dizer que o gelo contém "energia térmica negativa" em relação ao ambiente que tem "energia térmica nula". Assim, o fluxo de calor é do ambiente para o gelo e nesse processo a energia negativa do gelo é convertida em eletricidade, ou mesmo, a energia térmica fornecida no processo pelo ar ambiente.

E na prática como fazemos isso.

Basta colocar a pastilha Peltier sobre um objeto de metal que possa ajudar a colher o calor do ar ambiente e sobre a pastilha uma pequena caneca de alumínio onde colocaremos a pedra de gelo, conforme veremos mais adiante.

Nos nossos testes obtivemos energia elétrica suficiente para alimentar um motorzinho de corrente contínua de 1,5 a 5 V.

Em outras palavras, enquanto a pedra de gelo derreter e houver um fluxo de calor entre o recipiente de alumínio de baixo para o de cima o motor vai funcionar (link para o vídeo)

O arranjo

O arranjo é então muito simples. Podemos partir da figura 6 é, é claro, otimizar para obter maior rendimento.

O elemento principal do projeto é uma pastilha de Peltier que é utilizada normalmente em adegas, pequenas geladeiras e na refrigeração de componentes eletrônicos.

Na figura 5 temos a pastilha do tipo que usamos e que pode ser comprada em diversos sites da Internet por um preço bastante acessível (de 18 a 30 reais na época em que escrevemos este artigo).

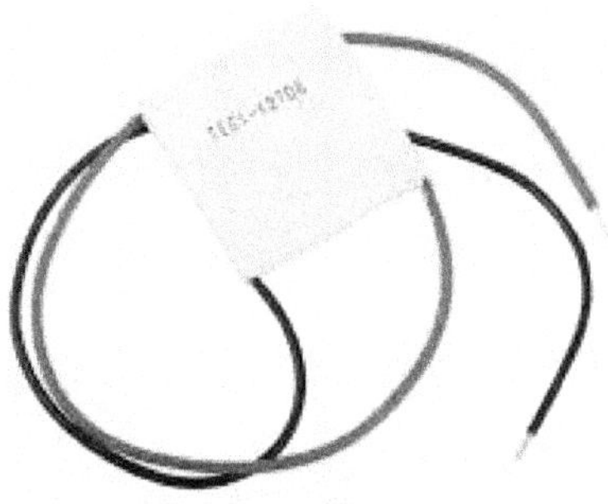

Figura 5 – A pastilha Peltier

Esta pastilha tem um rendimento suficiente para o que desejamos, fornecendo alguns volts sob corrente que chega aos 200 mA quando colocada no arranjo que propomos.

Fizemos testes com tipos diferentes e verificamos que todas têm o mesmo rendimento.

O recipiente para o gelo, preferivelmente deve ser o mais próximo quanto seja possível do tamanho da pedra, pois ele absorverá calor e com isso pode contribuir para diminuição da autonomia.

O contato entre o recipiente do gelo e a pastilha deve ser otimizado para maior transferência de calor. Pode ser usada pasta térmica, O contato entre a pastilha e o absorvedor também deve ser otimizado, eventualmente com o uso de pasta térmica.

Como absorvedor de calor pode ser usado um recipiente de alumínio, aletas de alumínio ou outro metal bom condutor de calor ou um dissipador de calor para componentes eletrônicos, como o da figura 6.

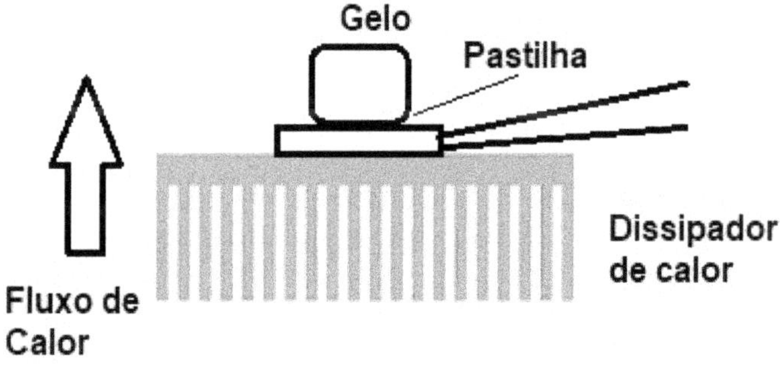

Figura 6 – Usando um dissipador de calor

O motor deve ser escolhido para ter a menor potência possível e funcionar com tensões na faixa de 1,5 V. O menor consumo é justificado pelo fato de que maior consumo carrega mais a pastilha acelerando a transferência de calor e assim fazendo com que o gelo derreta mais rápido.

A pequena hélice usada no motor para monitorar o movimento foi obtida de um kit de helicóptero para festas de aniversário. Pode ser elaborada uma pequena hélice ou disco de papelão.

Na figura 7 temos o arranjo completo para a competição. Veja o vídeo.

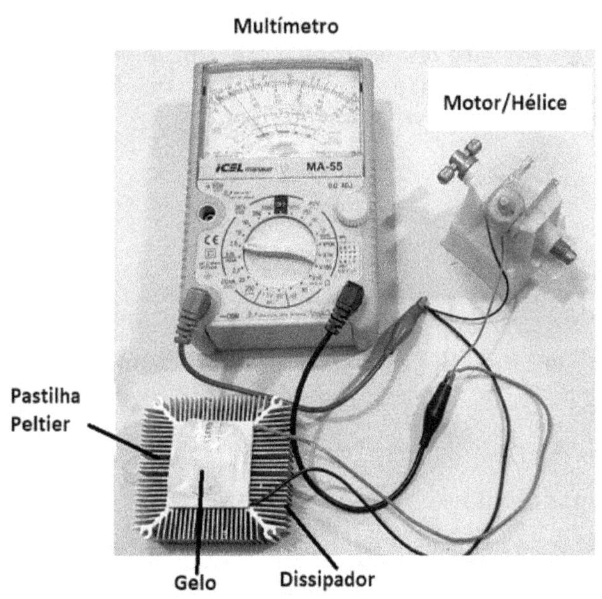

Figura 7 – O conjunto pronto para participar da prova.

O relatório técnico

O relatório deve ser feito de acordo com o nível dos estudantes participantes. O professor deve indicar sua estrutura de modo que fique de acordo com o exigido para trabalhos escolares e científicos.

Importante: o desafio coloca à prova também a correta interpretação dos fenômenos físicos. Será que a energia vem realmente do gelo? Existiria "energia negativa" que o gelo transfere ao meio ambiente? Para os do ensino médio e superior, coloque em jogo o Ciclo de Carnot. Como ele poderia explicar o que ocorre. No site estaremos com um artigo didático explicando a física do fenômeno de forma mais detalhada, inclusive com cálculos.

Realizando a prova

Todos os estudantes devem apresentar seus arranjos antes da prova, montando-os nas bancadas para uma vistoria inicial pelo professor ou avaliador. Ele verificará se todos os arranjos estão dentro das especificações.

Num vasilhame térmico devem estar disponíveis as pedras de gelo de tamanho uniforme.

Para cada grupo de 4 ou 5 estudantes deve haver um cronometrador que registrará o tempo de acionamento desses competidores.

Ao sinal do professor ou avaliador, cada um deve pegar uma pedra de gelo e colocar no seu arranjo, fazendo com que o motor dê a partida. Essa partida pode ser ajudada com pequeno impulso pelo competidor. Nesse momento, começa a contagem do tempo.

A partir daí cada um terá o seu tempo de acionamento registrado para efeito de nota. No final, devem ficar poucos girando e o tempo sendo registrado, até que o último pare. Ele será o vencedor.

Sugestão: que tal premiar os melhores. Um livro do Instituto seria um excelente presente.

Prova virtual

Com a adoção cada vez maior do ensino à distância (EAD) a prova também pode ser aplicada à distância, mas algumas regras adicionais devem ser impostas.

Pode-se fazer com que o aluno monte e acione o arranjo diante da câmera e o professor cronometre o tempo de acionamento. Evidentemente, deve ficar claro na visualização que nenhum recurso ilícito seja utilizado como, por exemplo, fios ocultos.

Um ponto interessante em relação a recursos ilícitos é a temperatura ambiente. Como o gradiente térmico será tanto maior quanto mais elevada for a temperatura do ar que incide no dissipador (absorvedor) deve ser limitar a temperatura ambiente (28 graus por exemplo), pois uma temperatura alta dará vantagens ao dispositivo.

Temas de pesquisa

- Efeito Peltier e Seeback
- Pastilhas de Peltier
- Calor latente e calor sensível da água
- Gerenciamento de energia
- Reguladores de tensão
- Motores DC
- Associação de pastilhas Peltier em série e em paralelo
- Dissipadores de calor

Códigos BNCC associados:

Ensino Médio: EM13CNT103, EM13MAT103 e EM13CHS103

Também indicado aos níveis técnico e superior.

Gerando energia com sua bicicleta

Este projeto mostra mais uma fonte alternativa de energia que o leitor pode usar recreativamente para carregar seu celular ou um banco de supercapacitores, ou ainda numa demonstração, bastante atraente. Apresentamos este projeto num evento cultural do Colégio Mater Amabilis de Guarulhos, deixando a apresentação e montagem do estandes a cargo do professor.

Existem muitas formas de se obter energia elétrica a partir de fontes alternativas, como temos explorado em nossos textos. Mostramos como obter energia da luz, do gelo, do calor e diversos tipos de pilhas caseiras.

Mas, uma forma que é a mais tradicional e que hoje nos fornece a maior parte da energia que utilizamos é a que vem das usinas hidroelétricas. Elas usam alternadores que são geradores mecânicos da mesma família dos dínamos. Eles fornecem energia elétrica a partir da pressão da água ou do movimento produzido a partir de forças de natureza mecânica.

O que propomos no nosso artigo é usar um dínamo de bicicleta (com a própria) para gerar energia suficiente para fazer funcionar um rádio ou ainda alimentar um conjunto de LEDs numa maquete.

Começamos por analisar o funcionamento do dínamo. Nele a energia mecânica do movimento de seu rotor é convertida em energia elétrica que alimenta uma lâmpada, como mostra a figura 1, ou ainda um conjunto de LEDs, um circuito eletrônico e até mesmo uma buzina. Veja na figura 2 como a roda da bicicleta aciona o dínamo transmitindo energia mecânica que se transforma em energia elétrica.

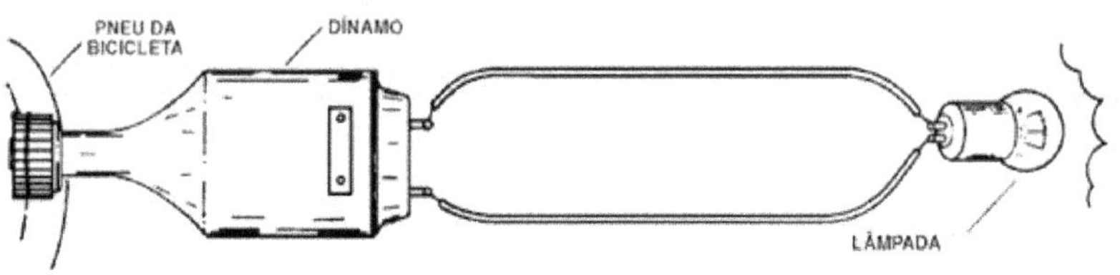

Figura 1

Os dínamos fornecem correntes contínuas, diferentemente dos alternadores que fornecem corrente alternada. Os dínamos operam por indução. Um conjunto de bobinas gira dentro do campo magnético criado por imãs permanentes. Quando as espiras das bobinas cortam as linhas de força do campo dos imãs é gerada uma tensão.

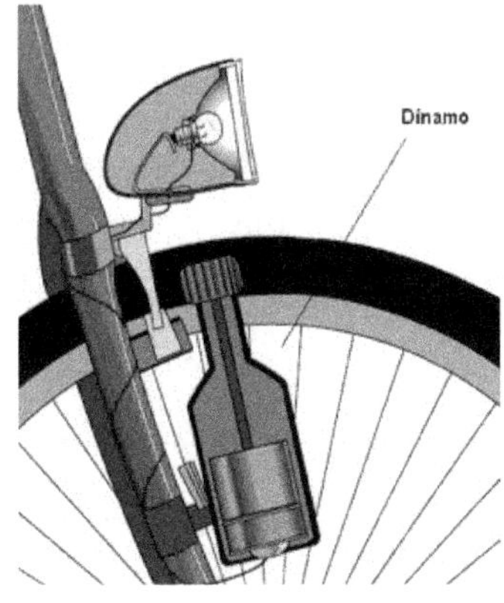

Figura 2 – Acoplando o dínamo a roda .

Escovas invertem a tensão constantemente de modo que a corrente circula sempre num único sentido. O tipo mais comum de dínamo é o usado em bicicletas que fornece energia para os faróis, conforme mostra a figura 3.

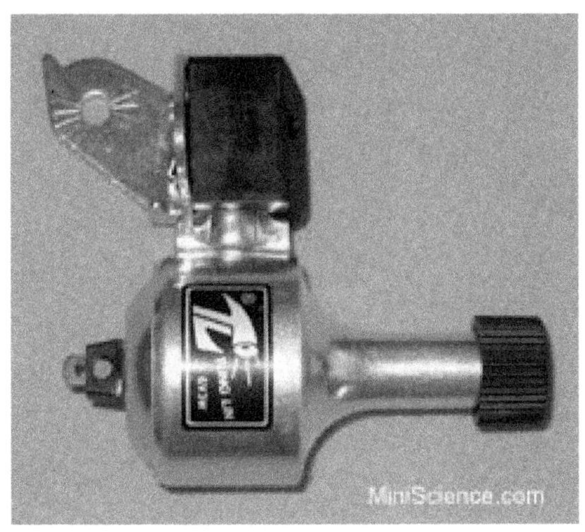

Figura 3

O projeto

Para uma demonstração a ideia básica é ter uma maquete com LEDs, conforme mostra a figura 4 e até mesmo acrescentando M1 que simula um eletrodoméstico, por exemplo, um ventilador.

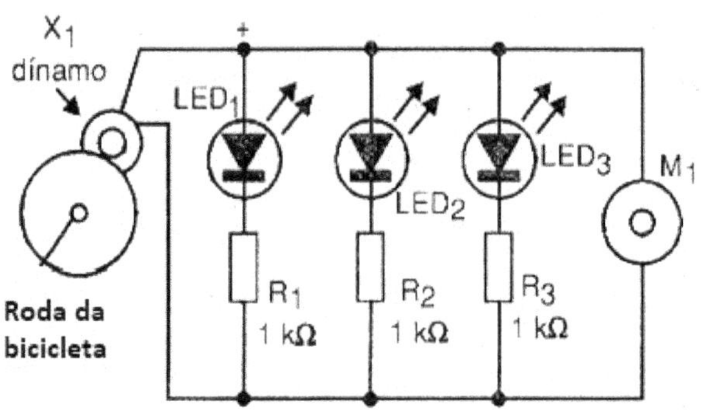

Figura 4 – O circuito de uma maquete

Uma montagem simples à monta antiga pode ser realizada com base numa ponte de terminais, conforme mostra a figura 5.

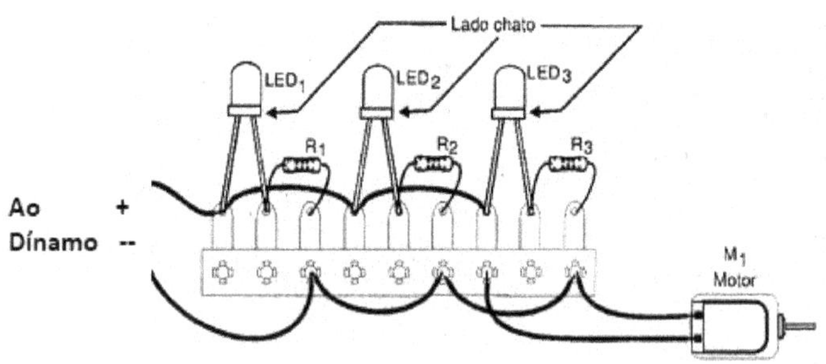

Figura 5 – Montagem antiga em ponte de terminais

Para uma maquete, podemos ter uma distribuição diferente dos componentes, conforme mostra a figura 6.

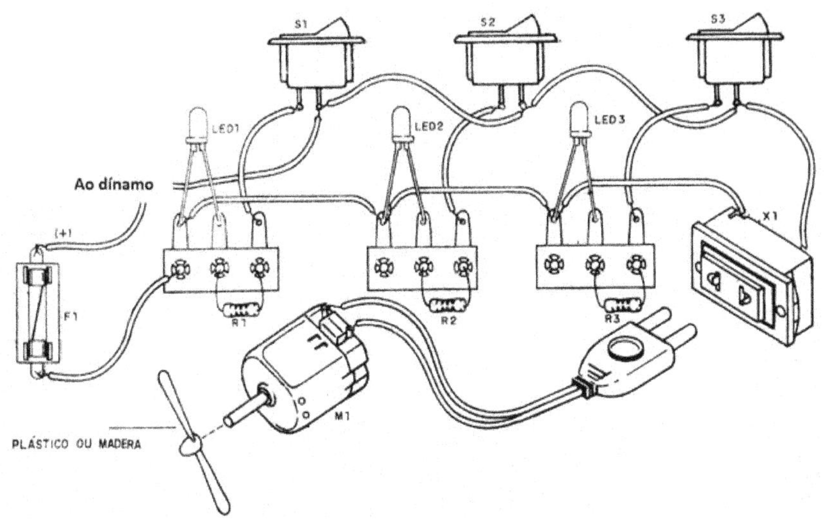

Figura 6 – Nova distribuição para maquete

A maquete pode ser feita de papelão, conforme mostra a figura 7.

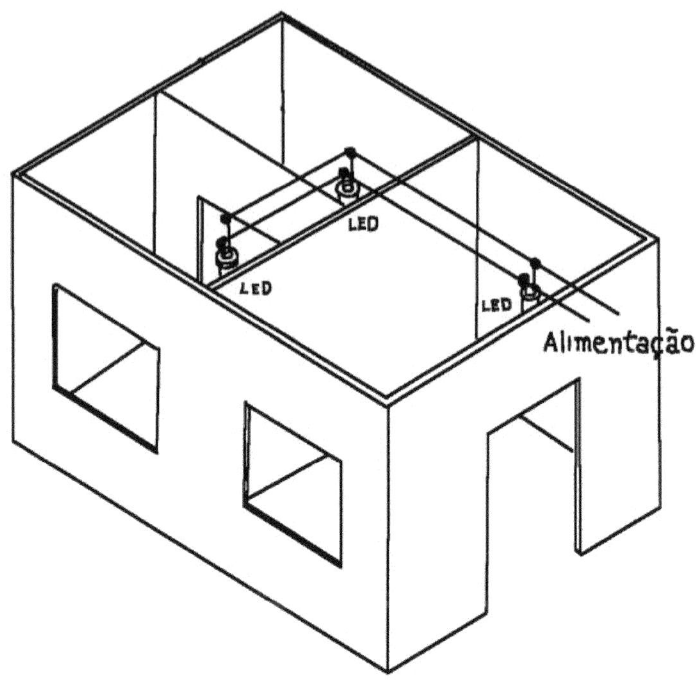

Figura 7 – A maquete

A bicicleta deve ser apoiada num suporte de modo que o demonstrador possa pedalar sem sair do lugar e puxar os fios do dínamo até a maquete ou aparelho que deseja alimentar, pois existe esta opção.

Lembramos que, o dínamo fornece uma tensão de saída que varia conforme sua velocidade. Assim, para os LEDs que operam numa ampla faixa de tensões, não existe qualquer problema na demonstração.

Os LEDs acendem mais forte quando se acelera as pedaladas.

No entanto, se formos alimentar algum circuito eletrônico é preciso pensar num circuito regulador. Veja no nosso site MIN049.

Figura 8 – Suporte para bicicleta (rolo de treino)

A demonstração

Para mostrar como funciona a conversão de energia mecânica (for sobre o pedal para fazer a roda girar) em energia elétrica que alimenta os LEDs.

Na demonstração, quem pedalar deve testar a melhor velocidade para que os LEDs acendam com bom brilho. Mostrará também que a quantidade de energia gerada depende da velocidade.

O QUE EXPLICAR

Este trabalho está diretamente relacionado com a conversão de energia (física) e distribuição de energia elétrica nas cidades (uso da energia).

Como tema transversal para ciências e física o projeto admite diversas abordagens como:

* Procure nos livros de física o princípio de funcionamento dos dínamos e prepare um cartaz explicando.

* Mostre que a quantidade de energia gerada depende da força mecânica, portanto não se cria energia, mas apenas se faz sua transformação (princípio da conservação da energia)

* Explique as diferenças entre corrente contínua e corrente alternada.

Temas de pesquisa

- Efeito Peltier e Seeback
- Pastilhas de Peltier
- Calor latente e calor sensível da água
- Gerenciamento de energia
- Reguladores de tensão
- Motores DC

- Associação de pastilhas Peltier em série e em paralelo
- Dissipadores de calor

Códigos BNCC:

Fundamental: EF69CI08 e EF69CI09

Médio: EM13CNT103, EM13MAT103 e EM13CHS103

A Bomba de Choque

Esta é uma brincadeira inofensiva para quem gosta de dar choques nos outros. Um capacitor carregado, seguro no momento oportuno, dá uma boa descarga nos desprevenidos. É claro que se trata de um choque inofensivo que duração apenas uma fração de segundo.

Além de ser uma brincadeira, também podemos usar o que descrevemos numa aula de física, tanto explicando como eletricidade pode ser armazenada num capacitor, como também o que é o choque elétrico.

Trata-se de um simples projeto que pode servir de base para trabalhos escolares, feiras de ciências e demonstrações.

O projeto:

a) Brincadeira

Você carrega um capacitor e dobra seus terminais de modo a ficarem numa posição apropriada. Quando seu amigo estiver distraído, você grita "Segura!" e joga o capacitor. Naturalmente, num impulso de reflexo, ele vai segurar o capacitor e aí a surpresa: uma boa descarga de algumas centenas de volts.

b) Versão didática

Nesta versão você carrega o capacitor e o descarrega numa pessoa ou numa rodinha de pessoas, conforme explicaremos, mostrando que o capacitor armazena energia e que ele descarrega nas pessoas dando choques.

Precisamos então de um carregador e um capacitor para nosso projeto.

Damos duas versões para o carregador.

Uma delas, para ser manuseada pelo professor, ou então por um adulto que tenha os devidos cuidados, pois estará ligada à rede de energia e outra, que funcionará com pilhas. Sim, pilhas, num sistema que eleva a tensão conforme veremos.

O carregador:

Versão ligada à rede de energia. Para esta versão o circuito carregador consiste em apenas um diodo e um resistor, onde o capacitor é ligado por alguns segundos para a carga.

Na figura 1 temos o circuito do carregador na sua primeira versão.

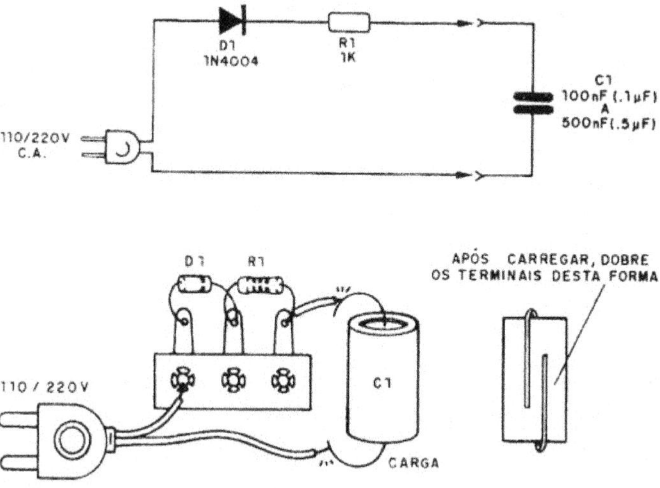

Figura 1 – Carregador ligado à rede de energia

Muito cuidado deve ser tomado com esta versão que sugerimos ser usada apenas pelos professores e adultos na demonstração, pois choques perigosos vindos da rede de energia podem ocorrer. O circuito deve ser instalado numa caixa plástica com apenas os fios do capacitor acessíveis.

Na versão a pilha carregamos o capacitor através de um pequeno transformador que gera alta tensão quando esfregamos um fio numa lima.

Os 1,5 V da pilha converte-se em uma tensão alternada de 80 a 150 V que, no entanto, não serve para carregar o capacitor.

Para converter esta alta tensão pulsante em contínua de modo que ela carregue o capacitor usamos um diodo, conforme mostra a figura 2.

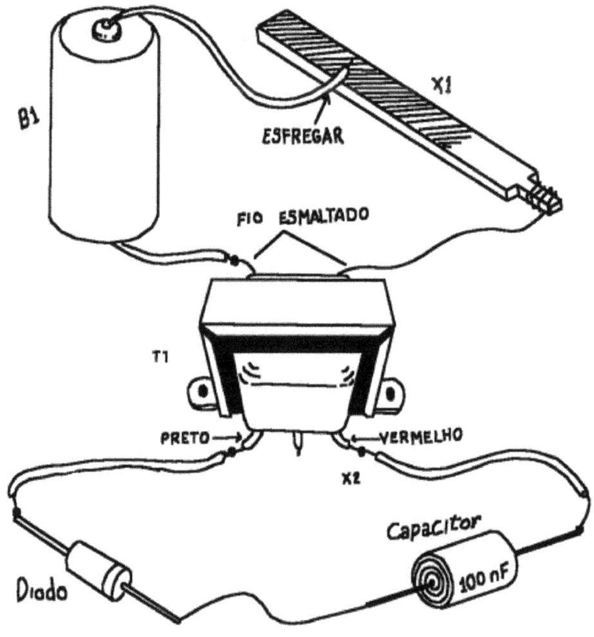

Figura 2 – O circuito de carga

Este circuito é indicado para estudantes, pois não estará ligado à rede de energia, sendo seguro.

O capacitor para os dois casos pode ser do tipo poliéster com valores entre 100 nF e 470 nF, aproveitado de aparelhos fora de uso, devendo ser especificado para uma tensão de trabalho (que não é a que ele se carrega) de pelo menos 400 V. (Figura 3)

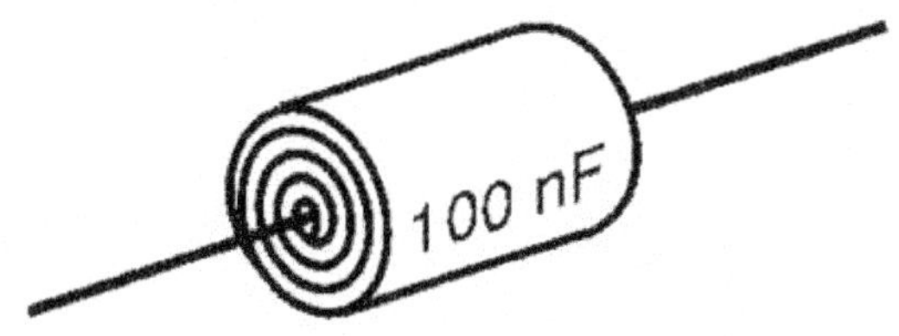

Figura 3 – O capacitor

Mas, você também pode usar outros tipos, conforme mostra a figura 4.

Figura 4 – Outro tipo de capacitor de poliéster

Antes de usar o capacitor, entretanto, você precisa saber se ele está bom. Para isso, carregue-o e encoste-o um terminal no outro. Se houver uma faísca é porque o capacitor reteve a carga e se encontra em bom estado.

Os capacitores de papel e óleo de aparelhos antigos também podem ser testados, mas normalmente o tempo e a umidade fazem com que não retenham mais carga.

O tempo de retenção da carga é curto, variando entre 1 e 2 minutos para os mais antigos e até perto de1 hora para os novos.

Uma vez feita a brincadeira e ocorrida a descarga, o capacitor precisa ser carregado novamente. Nunca deixe os terminais de carga encostados um no outro, pois isso vai aquecer o resistor, podendo causar sua queima. Se o resistor queimar ou aquecer demais quando houver a carga é porque o capacitor se encontra em curto.

O experimento e a brincadeira

Carregando o capacitor:

a) Com a fonte

Ligue o carregador na rede de energia. Encoste os fios do carregador nos terminais do capacitor por pelo menos 10 segundos, para obter a carga total, conforme mostrou a figura 1.

b) Brincadeira

Para a brincadeira dobre os terminais do capacitor antes de carregar, conforme mostrou a figura 1 se for do tipo axial, tomando cuidado para não encostar nos dois ao mesmo tempo.

Segurando o capacitor, sem tocar nos terminais, pegue seus amigos desprevenidos e grite:

- Segure!

Jogue o capacitor. A reação de seu amigo será segurar o capacitor e quando ele fizer isso, ocorre a descarga com um belo choque.

Para repetir a brincadeira é necessário carregar novamente o capacitor.

Uma vez carregado, dependendo do tipo e estado de seu capacitor ele pode reter a carga por vários minutos.

Experimento

Para o experimento, temos várias possibilidades.

Numa primeira possibilidade, analisamos o funcionamento do capacitor, explicando como esse componente pode reter a carga.

Podemos então mostrar a descarga ligando-o a um multímetro numa escala alta de tensão.

Numa segunda possibilidade, encostamos os terminais do capacitor nos terminais de uma lâmpada neon. Ela deve dar uma forte piscada, indicando a descarga do capacitor.

Para a terceira possibilidade vamos provocar choques nos alunos, explicando antes o que é o choque elétrico e o que é um circuito elétrico. Explicamos então que é preciso ter um circuito fechado para a corrente elétrica.

Temos então o choque individual em que pedimos para o aluno tocar nos terminais do capacitor carregado e então ele levará um choque.

Mas, a demonstração mais interessante é aquela em que fazemos uma roda de alunos dando as mãos e pedimos que os extremos toquem simultaneamente nos terminais do capacitor carregado, conforme mostra a figura 5.

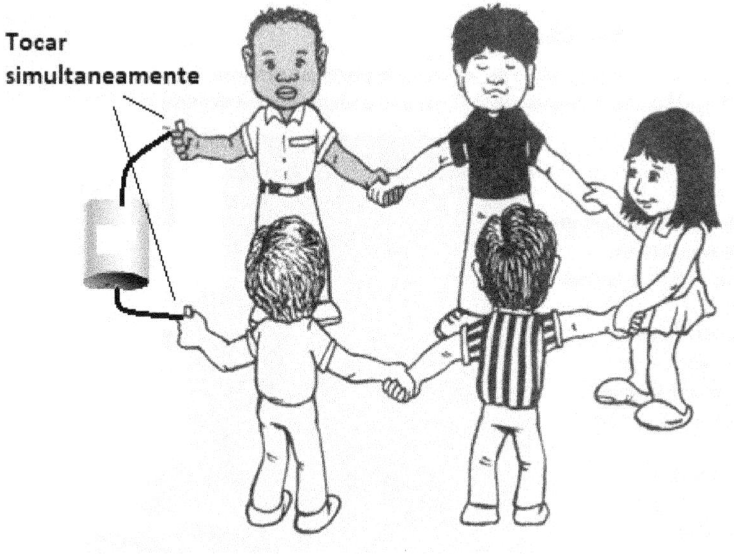

Figura 5 – O choque coletivo

Veja que, depois de cada choque, ocorrendo a descarga do capacitor, ele precisa ser carregado novamente.

Lista de Material

D1 - 1N4004 (110 V) ou 1N4007 (220 V) diodo retificador

R1 - 1 k ohms x 2 W - resistor (marrom, preto, laranja)

C1 - 100 nF a 470 nF- capacitor (ver texto)

Temas transversais:

- Garrafa de Leyden
- O capacitor
- O choque elétrico
- Marca-passos

LISTA DE MATERIAL

LED1, LED2, LED3 - LEDs comuns de qualquer cor (Para LEDs brancos de maior brilho, reduza os valores dos resistores para 470 ohms)

R1, R2, R3 - 1 k ohms - resistores de 1/4 W - marrom, preto, vermelho

M1 - Motor de 6 V (de algum brinquedo elétrico)

X1 - Dínamo de bicicleta

Diversos:

Ponte de terminais, base de madeira, fios, solda, etc.

Armazenando Energia Solar

Com a disponibilidade de células solares de baixo custo e também de LEDs de alto brilho com excelente luminosidade, podemos elaborar um circuito didático que mostra como luz pode ser convertida em energia elétrica e depois armazenada num capacitor. Ligando o capacitor a um LED a energia armazenada será convertida novamente em luz.

Demonstramos este circuito no Evento Cultural do Colégio Mater Amabilis em 2012, usando um LED branco de alto brilho e duas células solares obtidas na Eletrônica Rei do Som .

Célula solar da Rei do Som (encontrada na opção diversos)

Basta observar a polaridade e ligar o capacitor às duas células às duas células que devem ser associadas em série. Depois de deixar as células iluminadas por algum tempo para carregar o capacitor o LED pisca-pisca conforme indicado. Desta forma, o LED piscará por algum tempo antes que a carga do capacitor esgote. Na figura abaixo a conexão dos elementos.

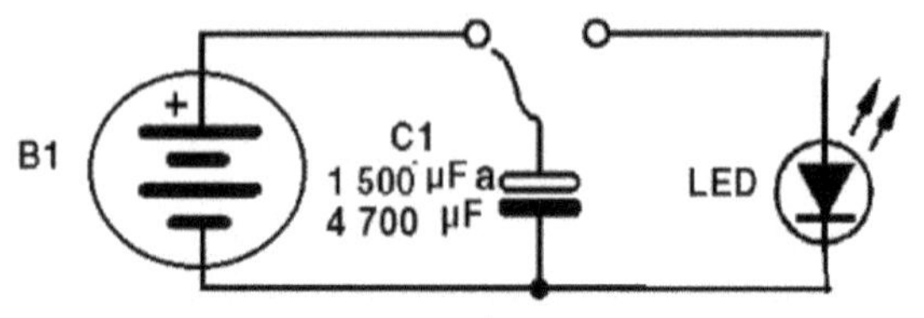

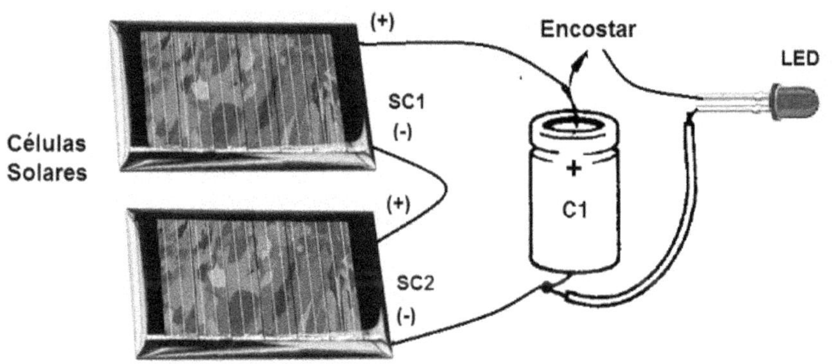

Lista de Material

LED - LED pisca-pisca

C1 - Capacitor de 1 500 a 4 700 uF x 12 V ou mais

SC1, SC2 - Células solares

Diversos:

Fios, solda, luminária ou fonte potente de luz.

Códigos BNCC associados à estória:

Fundamental: EF69CI08, EF69CI09, EF69MA08 e EF69MA09

Médio: EM13CNT103, M13MAT103 e EM13CHS103

A energia do gelo

O desafio que lançamos em outro ponto deste livro consistiu num problema interessante para estudantes de engenharia, física e do nível médio. “Tirar energia do Gelo e com ela manter pelo maior tempo possível um motor em funcionamento”.

Num vídeo (link) mostramos o nosso motor funcionando e descrevemos na totalidade o processo usado. Não entramos em detalhes, entretanto, sobre cálculos e as explicações científicas, assunto que abordamos agora e que podem ser incluídos num relatório, é claro com variações para que não seja feita uma simples cópia.

De fato, as condições e os parâmetros podem ser mudados como, temperatura inicial, temperatura final, tamanho da pedra de gelo e rendimento do sistema.

Mas, nossa questão começa com a pergunta abaixo.

Será que a energia vem realmente do gelo? Esta é uma questão que deixa professores, alunos e muitas outras pessoas "desconfiadas" sobre a validade do desafio. Mas, como não costumamos enganar nossos leitores, e damos sempre um embasamento técnico-científico ao que fazemos, pois essa é nossa formação, vamos começar por explicar os princípios físicos (que já foram relatados na estória do Prof. Ventura):

Princípios

Da física sabemos que o calor consiste em uma forma de energia. É a energia cinética da vibração das partículas de um corpo. A soma das vibrações de todos os átomos de um corpo nos dá a quantidade de energia térmica que ele possui.

Veja então que a quantidade de energia de um coro não é dada apenas pela sua temperatura, mas também pela sua massa, ou seja "pela quantidade de átomos que estão vibrando". Essa medida é feita em calorias (cal).

Isso significa que podemos ter dois corpos na mesma temperatura (mesma intensidade de vibrações), mas com quantidades de energia diferentes (calorias). Um pode ser maior que o outro, ou feitos de materiais diferentes (ou ambos).

Da mesma forma, dois corpos podem ter a mesma quantidade de energia (calorias), mas estarem em temperaturas diferentes, pelos mesmos motivos.

O importante é saber que, se dois corpos estiverem em temperaturas diferentes e entrarem em contato, as vibrações de um são transmitidas ao outro, as do corpo de maior temperatura (que vibram mais) transmitem as vibrações para o de menor temperatura (que vibram menos), até que elas se igualem e os dois corpos fiquem na mesma temperatura.

Isso significa que a energia do que está em maior temperatura flui para o de menor temperatura. Haverá então fluxo de energia térmica ou calor do que está em maior temperatura para o que está em menor temperatura.

Nessa movimentação podemos aproveitar esse fluxo de energia para fazer uma conversão e obter outra forma de energia, por exemplo, mecânica como numa máquina a vapor, ou ainda em elétrica, como num dispositivo de efeito Seebeck (Peltier), como fizemos.

A física nos diz que não podemos retirar desse fluxo toda a energia de que ele dispõe (Carnot), mas se soubermos trabalhar com ele, podemos fazer coisas muito interessantes em termos de obter energia alternativa.

O gelo

E aí entra a pergunta. Como podemos tirar energia do gelo, se ele já está frio e não tem como mandar calor para nenhum lugar?

Sim, esta é a grande jogada. O gelo não tem como mandar energia térmica para suas vizinhanças, a não ser que encontre um pedaço de gelo mais frio ainda. Mas ele pode receber calor de suas imediações, e com isso estabelecer o chamado "gradiente térmico" (diferença de temperatura) que permitirá que ocorra um fluxo de energia térmica e com ele podemos obter a transformação.

Podemos dizer que o gelo tem um potencial térmico "negativo" em relação ao ambiente. Esse potencial é obtido quando ele foi criado e a geladeira tirou energia (calorias) da água para formá-lo.

Podemos "devolver" essa energia ao gelo, fazendo com que ele receba um fluxo de calor, por exemplo, do meio ambiente e é aí que entra em jogo nosso desafio.

Na verdade, o que faremos é "obter de volta" parte da energia que a geladeira gastou para formá-lo.

É claro que na natureza existe a possibilidade de obter gelo sem gastar energia. Na verdade, a energia que os formou veio do meio ambiente. Se usarmos esta energia, devolveremos essa energia ao meio ambiente.

Isso é o que se trabalha em princípios físicos no nosso desafio.

Os cálculos

Mas, como esta seção, além dos conceitos que estão envolvidos nos diversos fenômenos também abordamos os aspectos quantitativos, vamos aos cálculos.

Quanto de energia posso obter teoricamente de uma pedra de gelo, como a que usamos em nosso desafio?

Lembramos que a parte da física que estuda os fenômenos relativos às trocas e transferências de calor (calor em movimento) é a termodinâmica. Assim, as fórmulas que vamos usar e os procedimentos são os que normalmente se utiliza no ensino de física do segundo grau (e que depois são manuseados nos cursos de engenharia e nos cursos técnicos).

a) Unidades

A quantidade de calor envolvida num processo térmico é medida em calorias (cal)

1 caloria equivale a 4,18 Joules (quantidades de energia)

Lembrando que:

1 Joule equivale a 1 watt por segundo W/s)

Isso significa que se tivermos a disponibilidade de converter 1 caloria em energia elétrica:

1 caloria = 4,18 Joules = 4,18 W por segundo

Poderemos acender um LED de 0, 1 W por:

T = 4,18/0,1 = 41 segundos (desprezando perdas)

Nota 1 - Também lembramos que as medidas de temperatura podem ser feitas tanto em graus Celsius (°C) como graus Kelvin (°K) dependendo do problema considerado.

Como, em geral nos nossos problemas trabalhamos com diferenças de temperatura e 1 grau Celsius equivale em "tamanho" a 1 grau centigrado, tanto faz.

Veja que isso significa que uma variação de 10 graus centigrados é igual a uma variação de 10 graus Kelvin, mas não que 10 graus centígrados equivalem a 10 graus Kelvin. Devemos estar atentos nos cálculos.

Nota: o estudo das medidas de temperatura é feito por outro ramo da física, denominado termometria.

Sabendo trabalhar com as unidades, vamos aos fenômenos.

b) Calor sensível e calor latente

Denominamos calor sensível a quantidade de calorias que precisamos aplicar ou retirar de um corpo para que sua temperatura varie de 1° C. (veja Nota 1).

Normalmente expressamos essa quantidade em calorias por grama (por grau centígrado).

Por exemplo, o calor sensível da água é de 1 cal/g°C.

Isso significa que 1 g de água precisa de 10 cal para passar, por exemplo, de 10 a 20 graus centigrados ou ainda, devemos retirar dela 10 calorias para reduzir sua temperatura de 10 a 0 °C, por exemplo.

c) Fórmulas

Calor sensível.

$Q = m \cdot c \cdot \Delta\theta$

Onde:

Q é a quantidade de calor em calorias (cal)

M é a massa do corpo (g ou kg) ([2])

C - Calor específico de uma substância em cal/g°C)

$\Delta\theta$ = Variação de temperatura em graus Celsius (°C) ou graus Kelvin (°K)

---

2 - Se for dada em g, o resultado será em calorias e C deve ser dado em calorias. Se, em kg o resultado será em quilocalorias (Kcal).

Por exemplo, para o gelo é 5 cal/g°C

Para a água é de 1 cal/g°C

Calor latente:

É a quantidade de calor necessária para que um corpo passe do estado sólido para o estado líquido ou do estado líquido para o gasoso.

Para o gelo o calor latente de fusão é de 80 cal/g°C

É a quantidade de calorias que o gelo precisa absorver para passar de gelo a 0 °C a água a 0 °C, ou ainda a quantidade de calor que precisamos entregar a 1 g de água em estado líquido a 0 °C para que ela forme 1g de gelo a °C.

Com estas informações podemos aplicar alguns cálculos interessantes ao nosso desafio como:

Problema

Colocando uma pedra de gelo de 10g que esteja a -10 °C de temperatura sobre o dispositivo Peltier (Seebeck) quanto de energia elétrica podemos obter com o seu derretimento completo, e a água resultante escorrendo a 0 °C para um pequeno recipiente. Supomos que o rendimento teórico do dispositivo no processo seja de 5%.

Resolução

a) Para ir de -10 °C a 0 °C a pedra de gelo de 10 g precisa absorver:

Q1 = ?

Δθ = 10

C = 5 cal/g°C

M = 10 g

Q1 = 5 x 10 x 10 = 500 cal

b) Para derreter 10 g de gelo ele precisa absorver:

Q2 = ?

C = 80 cal/g

M = 10

Q2 = 800 cal

c) A quantidade total de calor que a pedra de gelo absorverá será de:

Q = Q1 + Q2

Q = 800 + 500 cal

Q = 1 300 cal

d) O valor em joules ou Watts/segundo será:

E = 1 300 x 4,18

E = 5 435 Joules

A potência será:

P = 5 435 J/s ou W

Veja que se tivermos uma geladeira que deve produzir a pedra de gelo nas condições indicadas, partindo de água a zero grau, e desejarmos que ela "fabrique" a pedra em 100 segundos, ela deve operar com uma potência de:

P1 = 5 435/100 = 54 W por 100 segundos

e) Rendimento

Da mesma forma, se o processo inverso tiver 100% de rendimento na conversão, teremos 54 W de potência por 100 segundos.

No entanto, o rendimento do processo é muito mais baixo, no nosso caso, da ordem de 5%. Assim, teremos:

E = 5 435 x 0,05 = 271 J ou W.s

Um motor que precise de 0,45 W, por exemplo (3 V x 150 mA) poderá funcionar por:

T = ?

E = energia disponível em Joules ou W.s

P = potência em watts

T - 271/045 = 602,22 segundos ou 10 minutos

É claro que, na prática entrarão em jogo diversos fatores adicionais que, num projeto, o montador deve otimizar.

Este será o rendimento máximo teórico. Podemos melhorar isso? É a finalidade do desafio.

Desafio:

A Groenlândia é considerada a maior ilha do mundo, pertencente à Dinamarca. Com 2 166 000 quilômetros quadrados, ela tem a maior parte do seu território coberto por uma camada de gelo que chega aos 2 km de espessura em alguns pontos.

Desafio de cálculo

Supondo que fosse possível usar dispositivos Seeback com rendimento de 10% cobrindo todo o gelo da ilha e que ele estivesse a 0 °C obtendo-se água a 0 °C, a energia obtida seria suficiente para alimentar o mundo por quanto tempo. Suponha o consumo de energia elétrica mundial atualmente de 22 315 TeraWatts ($2,2315 \times 10^{16}$) .

Anexos

Fornecemos a seguir uma grande quantidade de informações adicionais que incluem:

a) Artigos práticos e teóricos em nosso site que ensinam a montar circuitos que trabalhem com a geração ou armazenamento de energia.
b) Seção do professor Ventura em que podem ser encontradas diversas outras estórias cujo tema é a tecnologia.
c) Vídeos em nossos canais em que o tema energia é tratado.
d) Podcasts em que o tema é abordado
e) Livros didáticos que podem ser interessantes para professores e para aqueles que desejam saber mais.

f) Livros grátis, incluindo 3 edições de Aventuras do Professor Ventura com estórias interessantes, envolvendo tecnologia.
g) Cursos
h) Revista Mecatrônica Jovem, publicação para professores e alunos que desejam ensinar ou aprender tecnologia
i) Temas do ensino fundamental, médio e técnico para pesquisas.
j) Temas transversais que podem ser associados às estórias com a codificação do MEC para a nova BNCC (2022).

Observação: muitos dos artigos e temas se aplicam a mais de uma estória deste livro.

No QR-Code abaixo você encontrará os links para mais informações e estudos sobre o assunto:

Anexos 2

Para você conhecer os outros livros sobre eletrônica do Instituto Newton C. Braga.

Acesse :

www.newtoncbraga.com.br/index.php/livros-tecnicos

Ou fotografe o QR abaixo:

www.ingramcontent.com/pod-product-compliance
Ingram Content Group UK Ltd.
Pitfield, Milton Keynes, MK11 3LW, UK
UKHW021956190726
13853UKWH00004B/1573

9 786599 034695